# DIE WAFFEN DER RUSSISCHEN ARMEE

## PANZERFAHRZEUGE UND FLUGABWEHR

Victor Schunkow

Motor
buch
Verlag

# IMPRESSUM

Einbandgestaltung: Ralf Weinreich
Titelbild: Pressedienst OAO Omsktransmasch

Bildnachweis: Die zur Illustration dieses Buches verwendeten Aufnahmen stammen – wenn nicht anderes vermerkt ist – vom Verfasser.

Durchgesehen und bearbeitet von Franz Leip



ISBN: 978-3-613-04601-6



1. Auflage 2023

Sie finden uns im Internet unter www.motorbuch-verlag.de



Lektorat: Redaktion Motorbuch
Innengestaltung: ERWE-WERBUNG Ralf Weinreich, Halle/S.
Druck und Bindung: Graspo CZ, 76302
Printed in Czech Republic

# INHALT

# ABKÜRZUNGEN

**AG** *Awtomatitscheski Granatamjot* Maschinengranatwerfer
**AGS** *Awtomatitscheski Granatamjot na Stanke* Lafettierter Maschinengranatwerfer
**BAS** *Brjanksi Awtomobilny Sawod* Automobilwerk Brjansk
**BMD** *Bojewaja Maschina Desanta* Gefechtsfahrzeug für Luftlandetruppen (Kettenschützenpanzer)
**BMO-T** *Bojewaja Maschina Ognemotschikow – Tjascholaja* Schweres Flammenwerfer-Kampffahrzeug (Flammpanzer)
**BMP** *Bojewaja Maschina Pechoty* Gefechtsfahrzeug der Infanterie (Kettenschützenpanzer)
**BMPT** *Bojewaja Maschina Podderschki Tankow* Panzerunterstützungs-Kampffahrzeug
**BPM** *Bronirowannaja Pogranitschnaja Maschina* Gepanzertes Grenzschutz-Fahrzeug
**BPS** *Broneboiny Podkaliberny Snarjad* panzerbrechendes Unterkalibergeschoss (APFSDS)
**BRDM** *Bronirowannaja Raswedywatelno Dosornaja Maschina* Gepanzertes Aufklärungs- und Patrouillenfahrzeug (Radspähpanzer)
**BREM** *Bronirowannaja Remontno-Ewakuatsionnaja Maschina* Gepanzertes Bergungsfahrzeug
**BRM** *Bojewaja Raswediwatelnaja Maschina* Gepanzertes Gefechtsfahrzeug zur Aufklärung (Kettenspähpanzer)
**BTR** *Bronjetransportjor* Gepanzerter Transporter (Radschützenpanzer, MTW)
**BTR-D** *Bronjetransportjor-Desantny* Gepanzerter Luftlande-Transporter
**GAS** *Gorkowski Awtomobilny Sawod* Automobilwerk Gorki
**GOST** *Gosydarstwenny Standart Rossijskoi Federazij* Staatlicher Standard der Russischen Föderation
**GRAU** *Glawnoje Raketno-Artilleriiskoje Uprawlenie* Hauptverwaltung für Raketen und Artillerie
**JaMS** *Jaroslawski Motorny Sawod* Motorenwerk Jaroslawl
**KaMAS** *Kamski Automobilny Sawod* Automobilwerk Kama
**KBM** *Konstruktorskoe Bjuro Machinostroenija* Konstruktionsbüro für Maschinenbau
**KMT** *Koleinye Miniye Traly* Minenspürgerät, Minenräumgerät
**Kord** *Krupnokaliberoe Oruschie Sawoda Degtjarjowa* Großkaliberwaffe des Degtjarjow-Werkes (überschweres MG)
**KPWT** *Krupnokaliberny Pulemjot Wladimirowa Tankowy* Schweres Wladimirow-Panzermaschinengewehr
**KS** *Kumulljatny Snarjad* kumulatives Geschoss (Hohlladungsgeschoss)
**MT-LB** *Mnogozelewoi Tjagatsch Ljochki Bronirowanni* Leicht gepanzertes Mehrzweckzugmittel
**NIEMI** *Nautschno- Issledowatelski Elektromechanitscheski Institut* Elektromechanisches Forschungsinstitut
**NIIP** *Nautschno-Issledowatelski Institut Priborostroenija* Wissenschaftliches Forschungsinstitut für Gerätetechnik
**NSWT** *Nikitina-Sokolowa-Wolkowa Tankowi (Pulemjot)* Panzermaschinengewehr von Nikitin, Sokolow und Wolkow (Konstrukteure)
**OAO** *Otkrytoe Akzionernoe Obstschestwo* Offene Aktiengesellschaft
**OFS** *Oskolotschno-Fugasny Snarjad* Hochexplosives Splittergeschoss (Sprenggranate)
**OKB** *Opytno-Konstruktorskoje Bjuro* Experimental-Konstruktionsbüro
**OPWT** *Oborudowannie Podwodwodnogo Woschdenija Tankow* Unterwasserausrüstung für Panzer (Tiefwatausrüstung)
**PKT** *Pulemjot Kalaschnikowa Tankowi* Kalaschnikow-Panzermaschinengewehr
**PKTM** *Pulemjot Kalaschnikowa Tankowi Modernisirowanji* Modernisiertes Kalaschnikow-Panzermaschinengewehr
**PTRK** *Protiwotankowy Raketny Kompleks* Panzerabwehr-Raketensystem
**PTS** *Plawajuschtschi Transportjor Srednij* Mittlerer Amphibientransporter
**RChBS** *Radiazionnoi, Chimitscheskoi i Biologitscheskoi Saschtschity* Strahlungs, chemische und biologische Abwehrtruppen (ABC)
**RPKS** *Rutschnoi Pulemjot Kalaschnikowa Skladnoi* Hand-Maschinengewehr Kalaschnikow mit Klappschaft (leichtes Kalaschnikow-MG)
**RPO** *Reaktivni Pechotni Ognemet* Reaktiver Infanterie-Flammenwerfer

| | |
|---|---|
| **SKOT** | *Střední Kolový Obrněný Transportér (tschech.)* Mittlerer gepanzerter Radtransporter (Rad-Spz) |
| **SOBR** | *Spezialnyje Otrjady Bystrowo Reagirowanja* Schnelle Sondereingreiftruppe (Innenministerium) |
| **SPM** | *Spezialnaja Polizeiskaja Maschina* Polizei-Sonderfahrzeug |
| **SSU** | *Senitnaja Samochodnaja Ustanowka* Flugabwehr-Selbstfahrlafette (Flakpanzer) |
| **STS** | *Spezialnoje Transportnoe Sredstwo* Sonder(transport)fahrzeug, Spezial(transport)fahrzeug |
| **T** | *Tank* (Kampf-)Panzer |
| **TKN** | *Teplowisionny Kombinirowanny Universalny Prizel* Kombiniertes Universal-Wärmebildvisier (Panzerzielfernrohr) |
| **TNP** | *Tankowy Nabljudatelny Pribor* Panzerbeobachtungsgerät (Winkelspiegel) |
| **TPKU** | *Tankowy Periskop Komandira Ukorotschenny* Verkürztes Kommandanten-Panzerperiskop |
| **TWN** | *Tankowy Pribor Widenija Notschnogo* Panzer-Nachtsichtgerät |
| **UMS** | *Uljanowski Mechanitcheski Sawod* Mechanikwerk Uljanowsk |
| **WDW** | *Wosduschno Desantnie Woiska* Luftlandetruppen |
| **WOG** | *Wystrel Oskolotschnyi Granatomotnyi* Werfer-Sprenggranate |
| **WPK** | *Woyenno-Proyschlennaja Kompanija* Militärisches Industrieunternehmen |

**Hinweis:** Das stimmhafte russische „S" in Begriffen wie завод (Sawod, Werk) wird im Deutschen als „S" und nicht als „Z" gesprochen und im Unterschied zu anderen Darstellungen hier auch so geschrieben.

Mittlerer Kampfpanzer T-55 der tschechischen Armee in schwerem Gelände. Foto: Ralf Weinreich

# I. PANZERFAHRZEUGE

Viele der heutigen russischen Panzerfahrzeug-Typen wurden noch in der zweiten Hälfte des 20. Jahrhunderts in der damaligen UdSSR entwickelt und hergestellt. Zu dieser Zeit bereitete sich die sowjetische Militärführung auf eine mögliche Auseinandersetzung mit der NATO vor. Es gab eine Defensiv- und eine Offensivstrategie. Die sowjetische Offensivstrategie sah dabei eine schnelle Überquerung europäischer Flüsse, umfassende Landungen mit schwerem Gerät tief im feindlichen Hinterland und massive Panzervorstöße vor. Sie ging davon aus, dass viele Gefechte in einer radioaktiv verseuchten Umgebung ausgetragen würden. Aus diesem Grund bekamen sämtliche Panzerfahrzeuge einem ABC-Schutz.

Die Konstruktion leichterer gepanzerter Fahrzeuge – an erster Stelle Rad- und Kettenschützenpanzer – basierte auf dem Konzept einer hohen Feuerkraft in Verbindung mit hoher Beweglichkeit und Schwimmfähigkeit. Letztere Eigenschaften ließen sich nur mit einem verhältnismäßig geringen Gefechtsgewicht der Fahrzeuge erreichen, was sich nur mit einer vergleichsweisen schwachen Panzerung erkaufen ließ. Die Ausrüstung der Luftlandetruppen mit Kampffahrzeugen beruhte auf demselben Konzept; zur Schwimmfähigkeit kam zusätzlich die Lufttransportfähigkeit. Die Fahrzeuge mussten sich nicht nur unkompliziert in Transportflugzeuge verfrachten, sondern aus diesen auch an Fallschirmen absetzen lassen. Die Erfahrungen der so genannten Spezialoperation in der Ukraine – also im 2022 begonnenen Ukrainekrieg – zeigten, dass nicht alle konzeptionellen Lösungen russischer Panzerfahrzeuge für diese neue Art militärischer Auseinandersetzung taugten. Sie stammten noch aus der Zeit des Kalten Krieges und waren auf die damaligen strategisch-operativen Planungen zugeschnitten. So erwies sich die damals so wichtige Forderung nach

Brückenlegegerät 60 M2 nach Ablegen der Brücke. Interessant; die gewaltigen Hydraudlikstempel Foto: Ralf Weinreich

Schwimmfähigkeit in der Ukraine als weitgehend überflüssig. Rad- und Kettenschützenpanzer sowie gepanzerte Mannschaftstransportwagen (MTW) mussten Gewässer so gut wie nie schwimmend überwinden. Dies geschah – sofern keine vorhandenen Brücken genutzt werden konnten – immer auf Ponton- oder anderen Kriegsbrücken. Auch die Absetzmöglichkeit von Fahrzeugen der Luftlandetruppen am Fallschirm erwies sich in der Ukraine als völlig überflüssige Option. Wohl aber traten die Schwächen der Fahrzeuge in Bezug auf Schutz oder Panzerschutz zutage. Bei den Kämpfen in der Ukraine lief auch die traditionelle Rolle des Rad- und Kettenschützenpanzers als Begleiter des Kampfpanzers und „Schlachtfeldtaxi" für motorisierte Schützen weitgehend ins Leere. Oft blieben Schützenpanzer mehr oder weniger auf sich alleine gestellt, gerade in der Bekämpfung feindlicher Stellungen in bebautem und unbebautem Gelände. Der Kettenschützenpanzer BMP wandelte sich so von einem Begleit- und Unterstützungsfahrzeug für Kampfpanzer zu einer eigenständigen Kampfeinheit. In Videoaufnahmen aus der Ukraine sind BMP im Gefecht nur sehr selten zusammen mit Kampfpanzern zu sehen.

Was die Kampfpanzer betrifft, so haben die Erfahrungen bei der Erstürmung von Mariupol gezeigt, dass ihre Bordkanonen oft nicht wirksam genug im Stadtkampf waren. Wie sehr sich die Experten auch streiten mögen – eine 152-mm-Kanone kann im Orts- und Häuserkampf weit mehr bewirken als eine 125-mm-Kanone. Wenn ein Panzer 2–3 Schüsse Kaliber 125 mm auf ein Gebäude abgeben muss, das der Gegner in eine Festung verwandelt hat, erreicht eine einzige Granate vom Haubitz-Kaliber (152 mm) dasselbe Ergebnis. In den 1980er- und 1990er-Jahren wurden Prototyp-Panzer mit 152-mm-Kanonen aus vielen Gründen abgelehnt. Dazu gehörten die geteilte Munition, Probleme mit der Verwendung vorhandener Munition und die Gefahr, ein Wettrüsten mit westlichen Panzern auszulösen. Das Auftauchen eines sowjetischen Kampfpanzers mit 152-mm-Kanone hätte automatisch alle Vorteile der NATO-Fahrzeuge hinsichtlich Panzerung und Feuerkraft zunichte gemacht. Die NATO hätte dies mit Sicherheit nicht hingenommen und wiederum ihre Kampfpanzer aufgerüstet.

Kurzum: Alle konnten mit dem status quo leben und selbst der modernste russische Kampfpanzer T-14 „Armata" erhielt „nur" eine 125-mm-Kanone.

Mariupol hat aber auch gezeigt, dass sich der Kampfpanzer, analog zu den schweren Panzerkampfwagen des 2. Weltkriegs, sehr wohl gegen in Gebäuden verschanzte Gegner einsetzen lässt. Wärmebildkameras waren ein wichtiger Bonus für gepanzerte Fahrzeuge, die in städtischen Gebieten operierten. Wie Kriegsteilnehmer berichteten, ermöglichten Wärmebildgeräte eine genauere Ortung und Bekämpfung von in Gebäuden verschanzten Gegnern unter geringeren Eigenverlusten.

Aber nicht alle russischen Panzer sind mit Wärmebildgeräten ausgestattet. Ebenso fehlt es ihnen vielfach an reaktiver oder wirksamer anderer Zusatzpanzerung, obwohl sowjetische Ingenieure bei der Entwicklung reaktiver Panzerungen einst eine Pionierrolle gespielt hatten. Die hohe Verwundbarkeit der Systeme durch Panzerabwehr-Handwaffen (Panzerfäuste) wirft Probleme beim Einsatz im Orts- und Häuserkampf auf, aber auch auf dem Marsch müssen gepanzerte Fahrzeuge gegen Lenkwaffen aus allen Richtungen geschützt sein. Die unglücklichen, vielfach durch gravierende operative und taktische Fehler bedingten Erfahrungen in der Ukraine liefern dafür schlagende Beweise.

Es lässt sich trefflich darüber streiten, inwieweit die russischen Streitkräfte auf die Realitäten der „Sonderoperation" vorbereitet waren und sind. Es ist zu erwarten, dass die russische militärische Führung ihre Lehren daraus zog und die mit viel Material und Blut erkauften Erfahrungen in künftige russische Entwicklungen einfließen werden.

## Kampfpanzer

Ein Kampfpanzer ist ein geländegängiges, rundum gepanzertes und stark bewaffnetes Kettenfahrzeug (in der Regel) mit Drehturm, das auf dem Gefechtsfeld verschiedenste Ziele bekämpfen kann. Seine wichtigsten Merkmale sind Feuerkraft, Panzerschutz und Beweglichkeit. Hinzu kommen die Fähigkeiten, Hindernisse zu überwinden und längere Strecken auf Ketten zu marschieren (was nicht auf alle Typen zutrifft, man denke etwa an den israelischen „Merkava"). Die Streitkräfte vieler Länder besitzen Kampfpanzer, die die Feuerkraft und den Panzerschutz schwerer Panzer mit hoher Geschwindigkeit, Geländegängigkeit und der Eignung zur Großserienproduktion verbinden.

**Kampfpanzer T-72 der tschechischen Armee bei einer Vorführung. Foto: Ralf Weinreich**

Kampfpanzer bilden das Rückgrat der Panzertruppe, die bei den Bodentruppen der russischen Streitkräfte als Trägerin der Hauptstoßkraft gilt. Die Panzertruppe gliedert sich in Panzerdivisionen, Panzerbrigaden und Panzerbataillone der motorisierten Schützenbrigaden. Nach den bereits in der Sowjetarmee aufgestellten taktischen und operativen Regeln sind die Panzertruppen in den Hauptstoßrichtungen einzusetzen und haben folgende Aufgaben zu erfüllen:

- In der Verteidigung/Defensive: Unterstützung der motorisierten Infanterie bei der Abwehr feindlicher Vorstöße und bei Gegenangriffen.
- Im Angriff/in der Offensive: Durchstoßen der gegnerischen Verteidigung bis in die Tiefe des Raumes; Zerschlagen des Gegners in Angriff und Gegenangriff.

Die von der Sowjetarmee übernommene Panzerflotte war für derartige operativ-taktische Einsätze konzipiert. Sie beruhte im Wesentlichen auf den Kampfpanzertypen T-64, T-72 und T-80, die für die späten 1980er-Jahre sehr gut waren. Die neuesten Ausführungen dieser Panzer waren mit zusätzlicher Raketenbewaffnung, automatischen Nachlademechanismen, modernen Feuerleitsystemen sowie einer zuverlässigen Mehrschichtpanzerung ausgestattet, die durch dynamische und aktive Schutzsysteme ergänzt wurden. Diese Kampfpanzer eigneten sich ideal für groß angelegte Kampfeinsätze im Zusammenwirken mehrerer gepanzerter Großberbände. Die veränderte Art der militärischen Bedrohung nach dem Zusammenbruch der UdSSR führte dazu, dass Kampfpanzer in bewaffneten Konflikten mit geringerer Intensität in kleinen Gruppen eingesetzt werden mussten. Gleichzeitig wurden die neuen Herausforderungen, denen sich Kampfpanzer gegenüber sahen, hauptsächlich wie folgt definiert:

- Feuerunterstützung für Infanterie, Luftlandetruppen und interne Truppen bei friedenserhaltenden Maßnahmen, Terrorismusbekämpfung usw.
- Einsatz von mobilen Einheiten und schnellen Verbänden als Eingreiftruppe zur Neutralisierung einer lokalisierten externen Bedrohung.

Um diese Aufgaben zu erfüllen, mussten die Kampfpanzer oft in zerklüftetem und gebirgigem Gelände und in bewohnten Gebieten operieren. Verbände und Einheiten operierten oft in getrennten Richtungen und hatten keine Verbindung mit ihren Nachbarn. Der

Feind wandte häufig Hinterhalttaktiken an, bei denen er Panzerabwehr-Handwaffen mit Erfolg einsetzte.

Die hohen Verluste an Kampfpanzern bei solchen Einsätzen warfen die Frage nach einer Erhöhung des Panzerschutzes auf. Außerdem war eine umfassende Modernisierung der russischen Panzerflotte erforderlich, wobei die in den letzten Jahrzehnten erzielten Fortschritte auf dem Gebiet der Navigationshilfen, der automatisierten Führungs- und Feuerleitsysteme sowie der Systeme zur umfassenden Automatisierung der Steuerungsprozesse sowohl eines einzelnen Panzers als auch von Panzerverbänden zu berücksichtigen waren.

Da der T-72 die Masse der russischen Kampfpanzer stellte, lag der Schwerpunkt auf der Modernisierung dieses Typs. Im Jahr 2000 wurde der modernisierte T-72BA in Dienst gestellt. Viele der Fahrzeuge dieser Modifikation wurden mit dem Feuerleitsystem 1A40-1M ausgestattet mit folgenden Merkmalen:

- Vorhandensein eines Ballistikrechners mit Prozessor;
- Automatische Feststellung der Zielentfernung und des Vorhaltewinkels beim Abfeuern der Kanone und des koaxialen Maschinengewehrs;
- Berücksichtigung des Seitenwinds, der Fahrtgeschwindigkeit des Ziels, der Bewegungen des eigenen Fahrzeugs, der Abnahme der Geschossgeschwindigkeit und des individuellen Abschusswinkels;
- Berechnung der Zielentfernung und des Vorhalts für die Optik des Kommandanten;
- halbautomatische Verfolgung eines sich bewegenden Ziels.

Anstelle der alten W-84-1- und W-84M-Dieselmotoren, deren Nachteile ausgebrannte Auspuffkrümmer und Überhitzung waren, wurden die Panzer mit dem verbesserten W-84MS-Dieselmotor ausgestattet, dessen Auspuffkrümmer über Faltenbälge zur Vermischung der Motorabgase mit der Umgebungsluft verfügten, wodurch die thermische Signatur des Panzers verringert wurde.

Der Panzer erhielt einen verstärkten Minenschutz am Boden. So wurden etwa unter dem Fahrersitz zusätzliche Unterbodenrippen und ein Querschweller angebracht. Direkt neben dem Sitz wurde eine Distanzstange angebracht und der Sitz selbst am Dach der Panzerwanne aufgehängt. Die nach 2002 modernisierten Panzer erhielten den 1000-PS-Dieselmotor W-92S2, eine neue Funkanlage, die auf bis zu 20 km zuverlässig arbeitet (auch während der Fahrt durch mittelschweres Gelände), sowie eine neue Nachtsichtoptik TWN-5 für den Fahrer.

Der aufgerüstete T-72B3 ist mit der kampfwertgesteigerten 125-mm-Kanone 2A46M oder 2A46M-5 bewaffnet und erhielt eine verbesserte Feuerleitanlage. Der Richtschütze verfügt über einen Laserentfernungsmesser, der bei allen Wetterbedingungen und unabhängig von der Tageszeit funktioniert. Ebenso erhielt das Fahrzeug eine Satellitennavigationsanlage sowie moderne Funkausstattung.

Die nachgerüsteten T-72 bilden zusammen mit den überholten und kampfwertgesteigerten T-80 und T-90 das Rückgrat der russischen Panzerflotte, bis ihr die nächste Kampfpanzer-Generation in Gestalt des T-14 „Armata" in größerer Stückzahl zugehen wird.

Verschiedne Aufbauvarianten auf Mehrzweck-Zug- und Transportfahrzeug MT-LB v.l.n.r.: SFL-Haubitze 2S1, Führungsfahrzeug 1W13 und Fla-Raketensystem 9A34M „Strela 10M". Foto: Ralf Weinreich

# Kampfpanzer T-14 „Armata"

Einen viel versprechenden neuen russischen Kampfpanzer stellt der T-14 „Armata" dar, der öffentlich zum ersten Mal bei der Parade zum 9. Mai 2015 in Moskau auftrat. Im Gegensatz zu allen anderen russischen Kampfpanzern, bei denen es sich im Prinzip nur um verbesserte Ausführungen sowjetischer Typen handelt, ist der T-14 „Armata" ein rein russischer Panzer, von der Idee bis zur Umsetzung in Metall. Das Fahrzeug beruht auf dem neuen schweren Mehrzweck-Kettenfahrgestell „Armata", das auch dem Schützenpanzer T-15 BMP „Armata" als Plattform dient. Künftig sollen auf diesem Fahrgestell auch ein Bergefahrzeug, eine Panzerhaubitze und andere schwere Kettenfahrzeuge entstehen.

Eine der neuen technischen Lösungen des neuen Panzers ist seine Auslegung, die sich vom klassischen Schema des Kampfpanzers unterscheidet, wie sie erstmals im französischen Tank Renault FT des 1. Weltkriegs in Erscheinung trat (zumindest als Serienfahrzeug). Beim T-14 befindet sich im vorderen Teil der Wanne ein „verkapseltes" Abteil, in dem alle drei Besatzungsmitglieder untergebracht sind: Panzerkommandant, Richtschütze und Fahrer. Diese Maßnahme ermöglicht es der Panzerbesatzung, selbst bei einem direkten Treffer des Turms und einer Entzündung der Munition zu überleben.

Der Waffenturm im mittleren Teil der Wanne stellt ein unbemanntes Robotermodul dar. Auf eine Kampfraumbelüftung konnte verzichtet werden; das Problem der Beeinträchtigung der Besatzung durch Pulvergase im Kampfraum stellte sich schlicht nicht mehr. Der Drehturm nimmt die 125-mm-Glattrohrkanone 2A82-1M auf; das für sowjetische/russische Kampfpanzer der letzten Jahrzehnte typische Kaliber, nur mit verbesserter Treffgenauigkeit. Die Kanone kann sämtliche für sowjetische/russische

Panzerkolonne auf dem Marsch, vorn zwei T-14 „Armata". Der T-14 durchlief seine Einsatzerprobung unter anderem bei den Kämpfen in Syrien und der Ukraine.

Kampfpanzer „Armata", rechte Bugansicht. sarov.info

Kampfpanzer entwickelte 125-mm-Munition verschießen. Neben der Kanone befinden sich im Turm die automatische Nachladeanlage, die Kampfbeladung (40 Schuss, davon 32 im automatischen Nachlader) sowie die Feuerleitanlage.

Durch die Verlegung des Panzerkommandanten und des Richtschützen aus dem Kampfraum konnte der Turm deutlich verkleinert werden, wodurch die Trefferwahrscheinlichkeit für feindliche Geschosse gerade an der Turmfront deutlich verringert wurde. Der „Armata" verzichtete auf ein Koaxial-MG, da dessen Einrüstung den Turm im Bereich der Blende geschwächt hätte, denn Blende und Turmfront bekommen im Gefecht oft die meisten Treffer ab. Dennoch verfügt der Panzer über eine Zusatzbewaffnung in Gestalt eines auf dem Turm montierten, ferngesteuerten 7,62- mm-Maschinengewehrs Typ PKTM. Das Maschinengewehr in seiner Waffenstation ermöglicht Rundumfeuer und verfügt über einen großen Höhenrichtbereich. Es lässt sich sowohl vom Kommandanten als auch vom Richtschützen bedienen. Die gurtgespeiste Waffe verfügt über eine Kampfbeladung von 2000 Schuss.

Der T-14 „Armata" ist mit einer leistungsstarken modularen Panzerung ausgestattet, die aus einem

| Technische Angaben „Armata" | |
|---|---|
| **Besatzung** | 3 |
| **Gefechtsgewicht, t** | 48 |
| **Abmessungen, mm:** | 161 |
| **Länge mit Kanone 12 Uhr** | 10.800 |
| **Breite** | 3500 |
| **Breite über Abstandsgitter am Heck** | 3900 |
| **Höhe** | 3300 |
| **Bewaffnung (Kaliber), mm:** | |
| **Bordkanone** | 125 |
| **Maschinengewehr** | 7,62 |
| **Kampfbeladung:** | |
| **Granaten** | 40 |
| **MG-Munition** | 2000 |
| **Leistung, PS** | 1200–1500 |
| **Höchstgeschwindigkeit, km/h** | 75–80 |
| **Fahrbereich, km** | 500 |

„universellen dynamischen" und einem „aktiven Schutzkomplex" besteht, sprich aus einer Verbund-/Reaktivpanzerung plus Abstands-aktiver „Afganit"-Anlage. Hinzu kommen eine elektromagnetische Schutzanlage, eine Feuerlöschanlage sowie ein multispektrales Bildschirmsystem zur Luftraum-Überwachung, Das Besatzungsabteil verfügt über einen verstärkten Bodenschutz gegen Minen.

Als Antrieb dient der X-förmige Vielstoffmotor mit Turbolader 2W-12-3A. Er leistet 1200–1500 PS und sorgt für eine Spitzengeschwindigkeit von an die 80 km/h. (Hinweis: Bei der X-Bauweise für Panzermotoren leistete die deutsche Fa. Porsche Pionierarbeit. Sie entwickelte während des Krieges einen kompakten luftgekühlten Dieselmotor, der den Maybach HL 230 u. a. bei „Tiger" und „Panther" ersetzen sollte. 1945 wurde der Typ 212 noch in einen „Königstiger" eingebaut. Wahrscheinlich gelangten die Unterlagen nach Kriegsende in sowjetische Hände und das Motorenwerk Tscheljabinsk griff sie wieder auf). Der Panzer hat ein Schaltgetriebe. Das Laufwerk mit hydropneumatischer Federung weist auf jeder Seite sieben Laufrollen und vier Stützrollen auf; Antriebsrad hinten, Leitrad vorn. Die stählerne Verbinderkette verfügt über Aufnahmen für Gummipolster.

Der Panzer hat die traditionell hohe Geländegängigkeit sowjetischer/russischer Panzer. Er kann mit einer Höchstgeschwindigkeit von 75–80 km/h auf befestigten Straßen und mit 45–50 km/h im Gelände fahren.

Das Unternehmen Uralwagonsawod hatte gemäß dem Vertrag mit dem Verteidigungsministerium bis Ende 2021 132 „Armata" zu liefern, was 32 Stück pro Jahr entspricht. Nach Angaben der Zeitschrift WPK konnte Uralwagonsawod bis Ende 2019 jedoch nur 16 Fahrzeuge ausliefern, was mit einer noch nicht abgeschlossenen Erprobung und der Beseitigung von Mängeln in Zusammenhang gestanden haben dürfte. Auch derzeit (2022) scheint die Truppenerprobung noch nicht abgeschlossen zu sein und offenbar traten immer wieder Schwierigkeiten bei Fahrwerk und Getriebe auf. Auch an der Richtanlage scheint man noch herumzubasteln. Überdies wird für die Bordkanone ein neues Munitionssortiment entwickelt, das wohl auch zielsuchende Lenkmunition enthält. Darüber hinaus gibt es „Fragen zur Bedienung und Beherrschbarkeit des Systems" durch die Besatzung in ihrem abgekapselten Abteil; insbesondere was den Nahbereich angeht. „Es ist nicht möglich, das Abteil wie den Turm zu schwenken, so dass der Schwerpunkt auf Optik und Elektronik liegt, die im Kampf versagen können. All dies veranlasst das Verteidigungsministerium zu äußerster Vorsicht bei seiner Entscheidung, große Stückzahlen zu beschaffen", so die Zeitschrift. Weiterhin räumte WPK ein, dass die Beschaffungspläne für den „Armata" möglicherweise nach unten korrigiert wurden, zumal die Truppenerprobung noch nicht abgeschlossen ist.

Kampfpanzer T-14 „Armata“.

Kampfpanzer T-14 „Armata“, linke Bugansicht. tut.by

## Kampfpanzer T-72

Der in der größten Stückzahl gebaute Kampfpanzer der heutigen russischen Streitkräfte stellt der T-72 dar. Er wurde am 13. August 1973 bei der Sowjetarmee eingeführt und von 1974 bis 1992 in Serie gebaut. Anfang 1995 verfügte die russische Panzertruppe über rund 9000 T-72 in verschiedenen Ausführungen.

Die T-72 aller Varianten haben den gleichen Aufbau: Im Bug befindet sich in Längsachse der Wanne das Fahrerabteil, gefolgt vom Kampfraum mit Drehturm und dem Motor-Getriebe-Abteil im Heck. Der geschweißte Rumpf besteht aus Panzerblechen unterschiedlicher Dicke und Konstruktion. Der obere Bugteil ist in einem Winkel von 63° zur Senkrechten geneigt. Er besteht aus mehreren Lagen Panzerstahl, zwischen denen sich Glasfaser- und Keramikschichten befinden. Diese Mehrschicht-Panzerung bietet einen relativ hohen Schutz gegen 105-mm-Hohlladungs- und panzerbrechende Unterkalibergeschosse. Einigen Berichten zufolge entspricht sie einer 500–600 mm dicken Stahlpanzerplatte.

Die Stahlplatten der Seitenpanzerung schützen vor Geschossen von Schützenpanzer- und Hubschrauberkanonen sowie vor Artilleriesplittern. Viele Varianten des T-72 erhielten verstärkte Panzerschilde. Der Gussturm hat relativ kleine Abmessungen, eine ca. 280 mm dicke Stirnseite und ist eine mehrschichtige Verbundkonstruktion, die sehr widerstandsfähig gegen Geschosse ist.

Die dreiköpfige Besatzung setzt sich aus dem Kommandanten, dem Fahrer und dem Richtschützen zusammen. Der im Bugabteil untergebrachte Fahrer nimmt trotz der flachen Schrägung der oberen Bugpanzerung eine sitzende Position ein. Dies wird durch den Einbau seines Sitzes in einer speziellen Aussparung im Unterboden gewährleistet. Die

Kampfpanzer T-72B3 während der russischen „Sonderoperation in der Ukraine".

Kampfpanzer T-72B3 bei der Parade am 9. Mai 2015 in Moskau.

Sitze des Panzerkommandanten und des Richtschützen befinden sich im Drehturm. Der Kommandant sitzt rechts der Bordkanone, der Richtschütze links davon. Im unteren Teil der Turmbühne befindet sich ein drehbares Munitionsmagazin.

Die Hauptbewaffnung bildet die 125-mm-Glattrohrkanone D-81TM (2A26M2) mit einer Rohrlänge von 6350 mm. Ihr Höhenrichtbereich reicht von +5°30' bis +14°. Die Munitionspalette setzt sich aus panzerbrechenden Unterkalibergeschossen, panzerbrechenden Hohlladungsgeschossen und Splittergeschossen zusammen. Bei den Treibladungskartuschen der zweigeteilten Munition handelt es sich um so genannte Teilabbrand-Ladungen, von denen nach dem Schuss nur der metallene Hülsenboden übrig bleibt, die der Ladeautomat beim Nachladen durch eine Luke hinten im Turm auswirft. Die Kanone wird über eine elektromechanische Ladevorrichtung geladen. Diese sparte den Ladeschützen ein und erhöhte gleichzeitig die Feuergeschwindigkeit auf bis zu 8 Schuss in der Minute. Die Kanone lässt sich auch händisch laden, wobei die Feuergeschwindigkeit auf 1–2 Schuss in der Minute sinkt.

Die Feuerleiteinrichtungen ermöglichen den Kampf bei Tag und bei Nacht sowie direktes und indirektes Feuer. Die Kampfentfernung des panzerbrechenden Unterkalibergeschosses im direkten Richten beträgt 2100 m. Im indirekten Richten können mit Unterkalibergeschossen und Hohlladungsgeschossen Ziele bis auf 4000 m, mit Sprenggranaten bis auf 5000 m bekämpft werden. Dank der Waffenstabilisierungsanlage 2E28M kann der T-72 während der Fahrt gezieltes Feuer abgeben.

Die Zusatzbewaffnung besteht aus einem koaxialen 7,62-mm-Maschinengewehr PKT und einem schweren 12,7-mm-Maschinengewehr NSWT an der Kommandantenluke zur Fliegerabwehr und – je nach

| Technische Angaben T-72B3 | |
|---|---|
| Besatzung | 3 |
| Gefechtsgewicht, t | 46 |
| Abmessungen, mm: | |
| Rumpflänge | 6860 |
| Länge mit Rohr 12 Uhr | 9530 |
| Breite | 3460 |
| Höhe | 2190 |
| Bewaffnung (Kaliber), mm: | |
| Bordkanone | 125 |
| Maschinengewehr | 1 x 7,62; 1 x 12,7 |
| Kampfbeladung: | |
| Granaten | 39 |
| MG-Munition | 2000 x 7,62 mm; 300 x 12,7 mm |
| Leistung, PS | 1000 |
| Höchstgeschwindigkeit, km/h | 65 |
| Fahrbereich, km | 500 |

Lage – auch zur Bekämpfung von Bodenzielen.

Für den Antrieb sorgt ein Zwölfzylinder-Vielstoff-Dieselmotor W-46 – ein Dieselmotor W-45 mit Turbolader und einer Leistung bis zu 780 PS. Auf jeder Wannenseite befinden sich sechs Doppel-Laufrollen mit Gummireifen, welche die Auswirkungen der ungefederten Massen auf die Laufruhe verringern. Zudem sind die Laufrollen einzeln torsionsgefedert. Zur Reduzierung des Gewichts des Fahrwerks bestehen die gegossenen Laufrollen aus einer hochfesten Aluminiumlegierung. Zu den Laufrollen kommen drei Stützrollen je Seite, die das Durchhängen der stählernen Scharnierkette verhindern. Das Antriebsrad befindet sich hinten, das Leitrad vorn.

Die T-72 aller Ausführungen können auf befestigten Straßen Geschwindigkeiten von bis zu 60 km/h erreichen. Sie überwinden Steigungen von bis zu

30°, senkrechte Hindernisse bis zu 0,85 m Höhe und Gräben bis zu 2,8 m Breite. Ohne Vorbereitung durchfurten sie bis zu 1,2 m tiefe Gewässer. Für die Überwindung von Wasserhindernissen bis zu 5 m Tiefe steht eine Tiefwatausrüstung mit Schorchel zur Verfügung.

Viele russische Panzerverbände sind bis 2013 mit dem kampfwertgesteigerten T-72B3 ausgerüstet worden. Das Verteidigungsministerium meldete die Auslieferung von über 250 Fahrzeugen und die geplante Auslieferung von weiteren 20 Einheiten bis Ende des Jahres. Die Nachrüstungsarbeiten übernahm das Werk Uralwagonsawod im Rahmen eines im Mai 2012 unterzeichneten Vertrags. Der T-72B3 erhielt die Glattrohrkanone 2A46M oder 2A46M-5 mit gesteigerter Präzision und Schussweite. Die neue Feuerleitanlage mit digitalem ballistischen Rechner ermöglicht es dem Richtschützen und dem Kommandanten, gezielte Schüsse auch aus der

Kampfpanzer T-72B3

Ab 2016 ging den russischen Panzerverbänden die modernisierte Ausführung T-72B3M zu. Im Bild eine auf Schienen verlastete Kolonne dieses Fahrzeugs.

Bewegung heraus abzugeben, bei Tag und Nacht, mit einer Reichweite von bis zu 5000 m. Der neue Rechner verringerte die Berechnungszeit um ein Vielfaches und verbesserte die Schussgenauigkeit. Der Laserentfernungsmesser des Richtschützen gewährleistet eine zuverlässige Funktion bei allen Wetterbedingungen und unabhängig von der Tageszeit. Auch die Funkausstattung wurde aufgerüstet; hinzu kam eine Satellitennavigationsanlage. Der Einbau des 1000 PS starken Dieselmotors W-92S2 steigerte die Mobilität des Panzers deutlich.

Seit 2018 gehen der russischen Panzertruppe T-72B3 zu, die im Rahmen eines 2016 eingeleiteten Programms modernisiert und kampfwertgesteigert wurden. Diese Modernisierung umfasst den Einbau eines Panoramazielfernrohrs, eines digitalen ballistischen Rechners und einer Reihe von Sensoren, die eine um ein Vielfaches kürzere Vorbereitungszeit fürs Schießen und eine höhere Effizienz ermöglichen. Der T-72B3 von 2016 ist mit dem 1130 PS starken W-92S2F-Motor ausgestattet, der das Leistungsgewicht auf 24,5 PS/t erhöhte. Dadurch wurde der Panzer viel wendiger. Eine Schaltautomatik erleichterte das Fahren erheblich. Darüber hinaus erhielt der Fahrer eine Anzeige zur Überwachung des Aggregats sowie eine Rückfahrkamera.

Auch das Schutzniveau des Panzers wurde erhöht. Die Wanne wurde durch den Austausch des bisherigen dynamischen Schutzes gegen neue dynamische Schutzmodule des Typs „Relikt" und Gitterschilde gegen Hohlladungen aufgewertet. Ebenso erhöhten zusätzliche dynamische Schutzmodule in der „weichen" Wanne die Widerstandsfähigkeit gegen Hohlladungen. Experten stellen jedoch fest, dass diese Maßnahmen gegen bestimmte projektilbildende Gefechtsköpfe und bestimmte Tandemgefechtsköpfe keinen ausreichenden Schutz bieten. Dennoch ist die Ausführung des T-72B3 von 2016 mit der Bezeichnung T-72B3M dem Vorgänger in vielerlei Hinsicht deutlich überlegen.

# Kampfpanzer T-80

Die vor wenigen Jahren wieder aufgestellte 4. Kantemirowskaja-Garde-Panzerdivision und die 10. Uralskaja-Lwowskaja-Garde-Panzerbrigade sind mit Kampfpanzern T-80 verschiedener Ausführungen ausgerüstet. Der T-80 ging des Weiteren den Panzerbataillonen weiterer Panzerbrigaden zu. Schätzungsweise befanden sich 2020 etwa 4000 bis 4500 T-80 bei der Truppe oder in der Reserve.

Der T-80 wurde am 6. Juli 1976 bei den sowjetischen Streitkräften eingeführt und war der erste Serienpanzer der Welt mit Gasturbinenantrieb.

Die Verbesserung der Bewaffnung in den späten 1970er-Jahren führte zur Entwicklung des T-80B, dessen Panzerschutz durch den 1985 in Dienst gestellten T-80BW erhöht wurde. Der 1985 entwickelte T-80U ist der am weitesten verbreitete Kampfpanzer innerhalb der russischen Streitkräfte. Er behielt die klassische Auslegung des Kampfpanzers mit Motor-Getriebe-Abteil im Heck, Fahrabteil im Bug und Kampfraum mit Drehturm in der Mitte.

Der T-80U ist der zahlenmäßig am stärksten vertretene Kampfpanzer der russischen Streitkräfte. Seine 125-mm-Glattrohrkanone verschießt panzerbrechende Unterkaliber- und Hohlladungsgeschosse, Sprenggranaten sowie Lenkflugkörper (Rohrraketen). Als Antrieb nutzt er eine Gasturbine.

Der T-80 hat eine geschweißte Wanne und einen gegossenen Turm. Wanne, Turm und die gesamte Konstruktion stattete man mit einer Reihe von Schutzeinrichtungen gegen die üblichen Panzerabwehrwaffen aus. Die vorderen Teile von Wanne und

Kampfpanzer T-80U auf einem winterlichen Übungsplatz. Pressedienst OAO Omsktransmasch

Befehlspanzer T-80UK mit erweiterter Funk- und Navigationsausrüstung, aber verringerter Kampfbeladung (30 statt 45 Schuss 125 mm). Pressedienst OAO Omsktransmasch

Turm weisen Hohlräume für Verbundpanzerung auf: zwei Schichten Panzerstahl mit einer Mittelschicht aus einer Glasfaser-verstärkten, äußerst harten Aluminiumlegierung. Zusätzlichen Schutz bieten beim T-80BW Reaktivpanzerungs-Elemente vom Typ „Kontakt-1". An den Wannenseiten befinden sich Hohlschilde aus Gummigewebe und Stahlplatten außen. Der Panzerschutz des T-80U gegen Hohlladungsgeschosse entspricht schätzungsweise 900 mm homogener Panzerung, gegen Unterkalibergeschosse beträgt er 1100 mm. Man geht davon aus, dass der T-80U innerhalb eines Annäherungswinkels von etwa +35° gegen praktisch alle Typen von Panzerabwehrwaffen und in erheblichem Maße gegen panzerbrechende Unterkalibergeschosse geschützt ist.

Die Hauptbewaffnung des T-80U bildet die 125-mm-Glattrohrkanone 2A46M-1. Dazu gehören eine Waffenstabilisierungsanlage 2E42, ein Blickfeld-stabilisierendes periskopisches Zielfernrohr, ein Rauchabsauger, eine Rohrschutzhülle und eine Schnellverbindung zwischen Rohr und Verschluss, die einen schnellen Austausch im Feld ermöglicht.

Als Munition stehen panzerbrechende Unterkaliber- und Hohlladungsgeschosse sowie Sprenggranaten zur Verfügung. Die Kanone kann außerdem Lenkflugkörper 9M119 „Reflex" abschießen. Der Lenkflugkörper hat die gleichen Abmessungen wie ein konventionelles Geschoss (Rohrrakete) und wird, wie die anderen Geschosse, vom Ladeautomaten zugeführt. Die lasergelenkte Rakete verfügt über einen Hohlladungsgefechtskopf und kann sowohl gegen Bodenziele als auch gegen niedrig fliegende Hubschrauber eingesetzt werden. Die Trefferwahrscheinlichkeit bei Entfernungen von 100 bis 4000

| Technische Angaben T-80 | |
|---|---|
| **Besatzung** | 3 |
| **Gefechtsgewicht, t** | 46 |
| **Abmessungen, mm:** | |
| **Rumpflänge** | 7012 |
| **Länge mit Kanone 12 Uhr** | 9556 |
| **Breite** | 3603 |
| **Höhe** | 2202 |
| **Bewaffnung (Kaliber), mm:** | |
| **Bordkanone** | 125 |
| **Maschinengewehr** | 1 x 7,62; 1 x 12,7 |
| **Lenkwaffensystem 9K119** | |
| **Kampfbeladung:** | |
| **Granaten** | 45 |
| **MG-Munition** | 1250 x 7,62 mm; 500 x 12,7 mm |
| **Leistung, PS** | 1250 |
| **Höchstgeschwindigkeit, km/h** | 65–70 |
| **Fahrbereich, km** | 400 |

m beträgt 0,8, während sie bei Entfernungen von 4000–5000 m auf 0,7 sinkt.

Der Panzer erhielt eine fortschrittliche Feuerleitanlage, mit der Kommandant und Richtschütze getrennt voneinander Ziele suchen und verfolgen sowie identifizierte Ziele zu jeder Tageszeit bekämpfen können, auch aus der Bewegung heraus.

Die Zusatzbewaffnung des Panzers besteht aus einem koaxialen 7,62-mm-Maschinengewehr PKT und einem schweren 12,7-mm-Fliegerabwehr-Maschinengewehr NSWT in einer Waffenstation auf dem Turm.

Das Triebwerksabteil beherbergt einen Komplex aus einem GTD-1250-Vielstoff-Gasturbinenantrieb (bis 1990 war der T-80U mit einem 1100 PS starken GTD-1000TF ausgestattet) und verschiedenen Systemen und Komponenten, die den Betrieb des Motors unter verschiedenen Bedingungen gewährleisten. Das Triebwerk hat eine Leistung von 1250 PS, ist in Form eines Monoblocks ausgeführt und kann von der Besatzung im Feld innerhalb von drei Stunden ausgetauscht werden, sofern Hebevorrichtungen vorhanden sind.

Das Schaltgetriebe des T-80U arbeitet mit zwei Planetengetrieben, die jeweils ein Endantriebsgetriebe und einen hydraulischem Servoantrieb umfassen. Das Getriebe bietet vier Vorwärtsgänge und einen Rückwärtsgang.

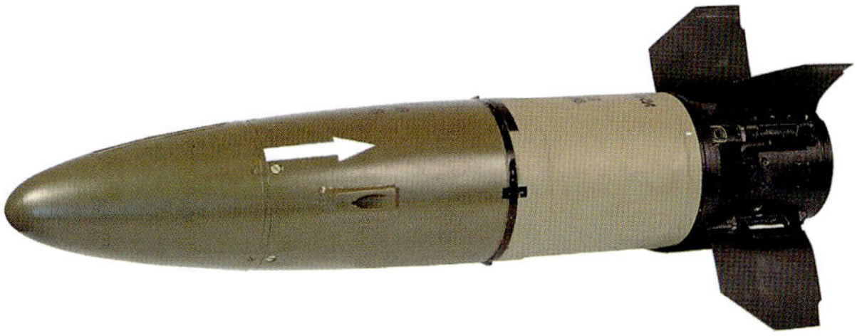

**Zur erweiterten Bewaffnung des T-80UM gehört das Rohrraketen-Lenkwaffensystem 9M119, hier die Patrone 3UWK-14F mit thermobarischem Gefechtskopf. Pressedienst Degtjarjowwerk**

Das drehstabgefederte Laufwerk weist je Seite sechs zweigeteilte Laufrollen aus geschmiedeten Aluminium- und Stahlteilen auf sowie fünf gefederte Stützrollen; Antriebsrad hinten, Leitrad vorn. Außerdem verfügt das Laufwerk über hydraulische Stoßdämpfer. Die eigens für den T-80 entwickelte feingliedrige Verbinderkette lässt sich mit Gummiauflagen bestücken.

Der Panzer erreicht auf befestigten Straßen eine Höchstgeschwindigkeit von 65–70 km/h. Er überwindet Steigungen bis 32°, bis zu 1,0 m hohe

**Kampfpanzer T-80UM mit verbesserter Bewaffnung und erhöhtem Schutz während der Erprobung. Pressedienst OAO Omsktransmasch**

**Auf Grundlage des T-80U entstand auch ein Bergepanzer. Pressedienst OAO Omsktransmasch**

senkrechte Hindernisse und 2,85 m breite Gräben. Gewässer bis zu 1,8 m Tiefe können ohne vorherige Vorbereitung durchfurtet werden. Mit Tiefwatausrüstung OPWT kann der Panzer bis zu 5 m tiefe Wasserhindernisse durchfahren.

Der T-80 verfügt außerdem über eine hoch entwickelte ABC-Schutzanlage und die automatische Feuerlöschanlage 3ES13 „Iney". Als Zusatzausrüstung lassen sich ein Räumschild und ein Minenspürgerät KMT-6 anbringen.

Die Anfang der 1990er-Jahre eingeführte Befehlspanzer T-80UK erhielt die Funkanlagen R-163-50K und R-163-U, die Navigationsanlage TNA-4-3, den 1,0 kW leistenden Stromerzeuger AB-1-P-28, eine optronische Lenkwaffen-Abwehranlage namens „Schtora" (Vorhang) sowie „Relikt"-Reaktivpanzerung. Aufgrund der Zusatzausrüstung kann der T-80UK nur 30 Schuss 125 mm und 750 Schuss 12,7 mm als Kampfbeladung mitführen. Gebaut bzw. eingerüstet wird er von der Omsker Transportmaschinenfabrik (Omsktransmasch).

Eine Weiterentwicklung des T-80U stellt der T-80UM dar, der die Grundausstattung des T-80U beibehielt, aber eine verbesserte Bewaffnung und

einen erhöhten Schutz bekam. Seit kurzem bieten die Russen den modernisierten T-80UM1 „Bars" auf dem Exportmarkt an. Er wurde erstmals auf der Omsker Waffenmesse im Herbst 1997 vorgestellt. Die Kampfkraft und der Schutz wurden durch die Ausstattung mit der verbesserten 125-mm-Glattrohrkanone 2A46M-1, einer modernen „Relikt"-Reaktivpanzerung mit elektronischem Zünder, dem verbesserten Rohrraketen-Lenkwaffensystem 9M119M und dem Wärmebildgerät „Agawa-2" erhöht, wobei ein Videobild auf einem TV-Bildschirm angezeigt wird. Dank des Wärmebildgerätes können die 9M119-Lenkflugkörper sowohl bei Tag als auch bei Nacht treffgenau abgefeuert werden.

Am 7. September 2017 teilte Generalleutnant Alexander Schewtschenko, Leiter der Hauptabteilung für gepanzerte Fahrzeuge des russischen Verteidigungsministeriums, den Medien mit, dass die Vorbereitungen für die Erprobung des modernisierten T-80BW im Gange seien. Zwei Tage später wurde der aufgerüstete Panzer mit der Bezeichnung T-80BWM bei einer Militärvorführung in der Nähe von Luga (Distrikt St. Petersburg) vorgestellt. Die Aufrüstung des T-80BW auf das Niveau des T-80BWM umfasst Maßnahmen zur Verbesserung aller wichtigen Kampfeigenschaften des Panzers: Feuerkraft, Schutz, Beweglichkeit, Führbarkeit und Fahrleistung. Insbesondere die Feuerkraft wird verbessert durch:

- 125-mm-Glattrohrkanone 2A46M-4,
- Lenkwaffenanlage 9K119.
- Feuerleitanlage 45M, einschließlich des verbesserten Richtschützenvisiers 1G46-2 für digitale Steuerung und des Mehrkanalvisiers „Sosna-U" (mit Wärmebildkanal),
- digital gesteuerter Waffenstabilisator 2E42M,
- zusätzliche Sensoren,
- die Steueranlage 1B558M, welche die digitale Steuerung der oben genannten Komponenten des Waffenkomplexes ermöglicht.

Der Panzer wurde von Omsktransmasch modernisiert. Im Juni 2019 berichtete der Pressedienst des Verteidigungsministeriums, dass die 38. motorisierte Gardeschützenbrigade, stationiert im hintersten Sibirien in Jekaterinoslawka in der Region Amur, 40 T-80BWM erhalten habe, womit sie ihr komplettes Panzerbataillon bestücken konnte. Folgende Panzertruppenteile der im Militärbezirk Ost stationierten motorisierten Schützenverbände wurden ebenfalls zu 100 % mit dem neuen Panzer ausgestattet: Die 64. motorisierte Schützenbrigade (Gebiet Chabarowsk), die 69. Sicherungsbrigade (Jüdisches Autonomes Gebiet) und die 39. motorisierte Schützenbrigade (Insel Sachalin).

Zuvor war berichtet worden, dass die Kantemirowskaja-Garde-Panzerdivision 200 T-80 durch modernisierte T-80BWM ersetzt hatte. Die neuen Panzer wurden auch bei den der Nordflotte unterstehenden Panzerverbänden der Arktis – der 80. und 200. selbstständigen motorisierten Schützenbrigade – in Dienst gestellt.

# Kampfpanzer T-90 „Wladimir“

Der T-90 ist das Ergebnis einer Modernisierung und Kampfwertsteigerung des T-72B. Seit 1992 bei Uralwagonsawod in Serie gebaut, führten die russischen Streitkräfte den T-90 im Jahr 1993 offiziell ein. Der T-90 sollte die besten technischen Lösungen der Kampfpanzer T-72B und T-80U vereinen. So verfügt der T-72B über ein bewährtes und zuverlässiges Fahrgestell, der T-80U über einen Turm mit moderner Waffen- und Feuerleitanlage. Zahlreiche Komponenten und Aggregate wurden überarbeitet, um Gefechts- und Einsatzerfahrungen Rechnung zu tragen, aber auch im Zusammenhang mit der Neuausrichtung der Fertigung auf Bauteile russischer Produktion. Natürlich folgte auch der T-90 dem klassischen Kampfpanzer-Aufbau: Motor und Getriebe im Heck, Kampfraum mit Drehturm und Hauptbewaffnung in der Mitte, Fahrerabteil im Bug. Die dreiköpfige Besatzung besteht aus Kommandant, Richtschütze und Fahrer.

Die Panzerwanne verfügt neben einer mehrschichtigen Verbundpanzerung über die neue Reaktivpanzerung „Kontakt-5“ in Form von acht Abschnitten auf der oberen Frontplatte und drei abnehmbaren Schilden an jeder Seite. Hinzu kommen weitere acht Elemente an der Stirnseite und 20 auf dem Dach des flachen Drehturms. Zusätzlichen Schutz bietet das optronische Lenkwaffen-Abwehrsystem TSchU-2 „Schtora“ (Vorhang), das die Trefferwahrscheinlichkeit von Lenkflugkörpern um das Drei- bis Vierfache herabsetzt und außerdem gegnerische Waffensysteme mit Laserzielerkennung und Laserentfernungsmesser stört. Das abstandsaktive System umfasst zwei Infrarotscheinwerfer, die optronische Unterdrückungsstation TSchU-1 (SOEP) und eine automatische Nebelmittelwurfanlage

**T-90A beim spektakulären Feuern aus der Bewegung anlässlich einer Vorführung. Pressedienst OAO Uralwagonsawod**

Kampfpanzer T-90AM, rechte Seitenansicht. Diese modernisierte T-90-Version erhielt eine verbesserte Kanone und Feuerleitanlage. Pressedienst OAO Uralwagonsavod

(ASFS), die mit Aerosol-Rauchgranaten anfliegende lasergesteuerte Lenkflugkörper täuscht, aber sich auch zum Legen herkömmlicher Nebelwände verwenden lässt.

Die im Turm montierte 125-mm-Glattrohrkanone 2A46M verfügt über eine Stabilisierungsanlage 2E42-4 und einem Ladeautomaten. Zur Erhöhung der Schussgenauigkeit erhielt die Kanone einen abnehmbaren Wärmeschutzmantel. Zur Munitionspalette des T-80U aus panzerbrechenden Unterkaliber- und Hohlladungsgeschossen, Lenkgeschossen 9K119 sowie Sprenggranaten trat eine neue Sprenggranate mit elektronischem Abstandszünder. Der Panzer ist mit einer entsprechenden Zeitmesseinheit ausgestattet, um die Zünder für die Fernzündung einzustellen.

Der T-90 erhielt die fortschrittliche Feuerleitanlage 1A42, die Lenkeinheit für die Rohrrakete 9K119, das Kommandantenperiskop PNK-4S, den Laserentfernungsmesser 1G46 des Richtschützen und das Wärmebildsystem T01-PO2T. Die für das Schießen erforderlichen Daten werden durch den digitalen ballistischen Rechner 1B528-1 mit den von Sensoren geliefertem Eingangsinformationen generiert. Generell ermöglicht die Feuerleitanlage die Bekämpfung von Zielen zu jeder Tageszeit sogar aus der Bewegung, nur für die Lenkraketen muss der T-90 einen Feuerhalt einlegen.

Die Zusatzbewaffnung besteht aus einem 7,62-mm-Maschinengewehr PKT und einem 12,7-mm-Fla-MG NSWT in einer geschlossenen Waffenstation auf dem Turm mit vertikal stabilisierter 1S29-Leitanlage.

Das Antriebsaggregat basiert auf dem bewährten und zuverlässigen Vielstoff-Dieselmotor W-84MS mit einer Leistung von 840 PS. Das Fahrwerk wurde vom T-72B übernommen. Geschwindigkeit und Geländegängigkeit entsprechen somit dem T-72B.

Im Jahr 2004 stellte die russische Panzertruppe den modernisierten T-90A in Dienst, den ein W-94S-Motor mit bis zu 1000 PS antreibt. Der aufgerüstete

| Technische Angaben T-90 | |
|---|---|
| **Besatzung** | 3 |
| **Gefechtsgewicht, t** | 46,5 |
| **Abmessungen, mm:** | |
| **Rumpflänge** | 6890 |
| **Länge bei Turm 12 Uhr** | 9350 |
| **Breite** | 3460 |
| **Höhe** | 2226 |
| **Bewaffnung (Kaliber), mm:** | |
| **Bordkanone** | 125 |
| **Maschinengewehr** | 1 x 7,62; 1 x 12,7 |
| **Kampfbeladung:** | 43 |
| **Granaten** | 2000 x 7,62mm; |
| **MG-Munition** | 300 x 12,7 mm |
| **Leistung, PS** | 840 |
| **Höchstgeschwindigkeit, km/h** | 60 |
| **Fahrbereich, km** | 500 |

Gussturm verfügt über acht Reaktivpanzerungs-Elemente an der Stirnseite und weitere 20 auf dem Dach. Die verbesserte Kanone 2A46M-2 zeichnet sich durch eine höhere Präzision aus und ist so konstruiert, dass sich das Rohr schnell und unkompliziert austauschen lässt. Eine weitere Modernisierung führte zur Ausführung T-90AM, bei der der nun geschweißte Turm die verbesserte 125-mm-Kanone 2A46M-5 und die moderne Feuerleitanlage „Kalina" mit integriertem Ballistikrechner erhielt.

Der T-90 erfuhr hohes Lob von russischen Panzerfachleuten. Seine Feuertaufe erhielt er 1999 bei Kampfeinsätzen in Dagestan/Nordkaukasus.

Das russische Verteidigungsministerium beschaffte den T-90 zunächst nur in kleiner Stückzahl. Die Fahrzeuge gingen hauptsächlich an die Panzerverbände der motorisierten 21. Taganrog Garde-Schützenbrigade und auch das 5. Bataillon der motorisierten 2. Taman Garde-Schützendivision erhielt den T-90A. Die Gesamtzahl der T-90 verschiedener Modifikationen in den russischen Streitkräften betrug 2019 etwa 900 Stück. Nach russischen Medienberichten begann in diesem Jahr auch die Auslieferung des kampfwertgesteigerten T-90M „Proryw-3" an die Truppe. Rund 400 T-90 sollen auf den Stand T-90M gebracht worden sein. Der T-90M verfügt über eine

Der Kampfpanzer T-90 „Wladimir" entstand auf Grundlage des T-72B und des T-80U (im Bild die Exportausführung T-90S).

höhere Überlebensfähigkeit und die verbesserte 125-mm-Kanone 2A46M-5. Deren Waffenanlage steigerte die Zielerfassung um 25–30 % und die effektive Reichweite um 15 %, nicht zuletzt dank der vollautomatischen digitalen Feuerleitanlage, die Ziele lokalisiert und identifiziert. Des Weiteren wurde die Munitionsausstattung um hochpräzise Munition in Gestalt eines neuen Lenkflugkörpers und eines Sprenggeschosses mit programmierbarer Fernzündung erweitert. Das 12,7-mm-Maschinengewehr auf dem Turm ist in einer ferngesteuerten Waffenstation untergebracht.

Die serienmäßige Verbundpanzerung an Wanne und Turm wurde durch eine verstärkte Dachpanzerung erheblich verbessert. Die Wannen- und Turmfront nebst weiteren Flächen erhielten zusätzliche „Relikt"-Reaktivpanzerungen. Andere Teile des Panzers wurden mit ähnlichen „Schutzschilden" versehen. Bekanntermaßen ist die Reaktivpanzerung „Relikt" um ein Vielfaches effektiver ist als die Vorgängerin „Kontakt-5" des T-90 vor der Aufrüstung.Der Innenbereich wurde erheblich umgestaltet und verfeinert, um die Risiken eines Treffers zu verringern. Dazu gehören beispielsweise Innenbeschichtungen, die Sekundärsplitter abfangen und die Besatzung sowie die Hauptinstrumente schützen. Außerdem wurden einige der „gefährlichen Elemente" aus dem ohnehin sehr engen Kampfraum in die Wanne und den hinteren Turmbereich verlagert. Das Förderband für den Ladeautomaten befindet sich weiterhin in der Wanne, während ein Kraftstoffbehälter aus dem vorderen Teil der Wanne entfernt wurde, um bei Treffern die Brandgefahr zu verringern.

Der Vertrag mit dem Verteidigungsministerium sah vor, dass Uralwagonsawod 2018/19 30 T-90M fertigte, von denen zehn tatsächlich neu gebaut und 20 im Rahmen von Reparaturen und Überholungen alter T-90 nachgerüstet wurden. Tatsächlich erschienen die ersten T-90M nicht vor 2020.

Kampfpanzer T-90 nach dem Durchwaten eines Gewässers. vpk.name

T-90AM beim Gefechtsschießen auf einer klassischen russischen Schießbahn.
Pressedienst OAO Uralwagonsawod

Getarnter T-90 mit optronischem Lenkwaffen-Abwehrsystem TSchU-2 „Schtora“.

# KETTENSCHÜTZENPANZER

Die ersten sowjetischen Kettenschützenpanzer entstanden erst Anfang der 1960er-Jahre. Wie in anderen Streitkräften hatten sie die Aufgabe, motorisierten Schützen – Panzergrenadieren – als geschütztes Transport- und Kampffahrzeug auf dem Gefechtsfeld zu dienen und Panzertruppenteilen überall hin folgen zu können. Mit ihrer Bewaffnung erhöhten sie die Feuerkraft der auf- und abgesessenen Infanterie, die im Zusammenwirken mit Kampfpanzern operierte. Besonderen Wert legten die Sowjets auf den Schutz gegen Massenvernichtungswaffen und auf die Schwimmfähigkeit der Fahrzeuge.

Dank ihrer besseren Sicht und einer Vielzahl persönlicher Waffen sind motorisierte Schützen besser als Panzerbesatzungen in der Lage, die Panzerabwehr des Gegners zu erkennen und niederzukämpfen. Dank ihrer Geschütze und Panzerabwehrraketen sind Schützenpanzer darüber hinaus in der Lage, gepanzerte Ziele und Kampfhubschrauber selbstständig zu bekämpfen. Hinzu kam, wie oben erwähnt, die allgemeine Unterstützung der abgesessenen Infanterie durch das Feuer schwerer Maschinengewehre sowie halb- oder vollautomatischer Kanonen.

Da die sowjetische Armeeführung im Falle einer bewaffneten Auseinandersetzung mit der NATO mit groß angelegten Kampfhandlungen vor allem in Mitteleuropa rechnete, galt es für Offensivoperationen vor allem die vielen Wasserhindernisse ins Kalkül zu ziehen, an erster Stelle Flüsse. So erhielten die Konstrukteure der sowjetischen „Gefechtsfahrzeuge der Infanterie" (russisch: *Bojewaja Maschina Pechoty,* BMP) die Aufgabe, die Fahrzeuge schwimmfähig zu gestalten. Ohne das Gewicht der Waffen, der Munition und des Treibstoffs im Fahrzeug zu reduzieren, konnte diese Aufgabe nur durch Verringerung der Panzerstärken gelöst werden. Dies war die Ursache für die Krise, welche die sowjetischen Streitkräfte Anfang der 1980er-Jahre in Afghanistan ereilte: Ausgestattet mit den für einen Blitzkrieg in Europa entwickelten Schützenpanzern, erlitten die sowjetischen mot.-Schützenverbände „in den schwarzen Bergen" schwere Verluste, da die Panzerung ihrer BMP nicht nur von Panzerfäusten, sondern auch von schweren Maschinengewehren der Mudschaheddin problemlos durchschlagen werden konnte. Auch der Schutz vor Minen war praktisch gleich null. Und so lasen die mot-Schützen mit bitterem Humor die Abkürzung BMP nicht mehr als *Bojewaja Maschina Pechoty,* sondern als *Bratskaja Mogila Pechoty* – Massengrab der Infanterie. Vielfach setzten sich mot-Schützen beim Marsch ungeschützt auf das Dach ihrer BMP, da hier die Überlebenschancen gegen Minen viel höher waren als im Inneren der Fahrzeuge.

Der Krieg in Afghanistan zeigte auch, dass die Bewaffnung der dort eingesetzten BMP-1 den Anforderungen bei weitem nicht genügte. Die halbautomatische 73-mm-Kanone „Grom" (Donner) taugte mit ihren Hohlladungsgranaten zwar zur Bekämpfung von Panzern, über die die Mudschaheddin nicht verfügten, aber die Wirkung gegen ungeschützte Ziele ließ zu wünschen übrig. Aufgrund des unzureichenden Höhenrichtbereichs ließen sich überdies Gegner an Berghängen nicht bekämpfen – die Standardsituation bei Feindberührung am Hindukusch.

Der BMP-2, der den BMP-1 in Afghanistan ersetzte, war dann mit einer automatischen 30-mm-Kanone mit einem Höhenrichtbereich von +75° ausgestattet. Die für den BMP-3 entwickelte Bewaffnung stellte eine weitere Steigerung dar. Seine „Troitschatka"-Waffenanlage (Dreifachbewaffnung) umfasste eine 100-mm-Kanone, eine automatische 30-mm-Kanone und ein 7,62-mm-Maschinengewehr. Mit dieser Bewaffnung konnte der BMP-3 praktisch allen Gefechtsituationen gerecht werden. Doch selbst ein solch schwer bewaffneter BMP-3 hatte aufgrund seiner schwachen Panzerung kaum Überlebenschancen auf dem Gefechtsfeld. Vielleicht konnte bzw. kann erst der auf „Armata"-Fahrgestell aufgebaute schwere Schützenpanzer T-15 diesem Problem einigermaßen gerecht werden. Er soll der Besatzung den gleichen Schutz bieten wie ein Kampfpanzer. Der T-15 ist mit einer Verbundpanzerung ausgestattet und hat einen V-förmigen Wannenboden, der die Detonationswucht von Minen nach den Seiten ableitet. Zudem ist das Kampfmodul vom Mannschaftsraum getrennt, was die Überlebensfähigkeit der Besatzung selbst bei Munitionstreffern deutlich erhöht – kein Vergleich zu anderen sowjetischen/russischen Schützenpanzern.

Der T-15 verfügt über eine neue computergestützte Führungs- und Waffenanlage mit multispektraler, automatischer Richtanlage, die eine präzise Bekämpfung von Zielen auch aus der Bewegung erlaubt.

Digitale Informations- und Leitsysteme ermöglichen es der T-15-Besatzung, sich voll und ganz auf ihre Aufgabe zu konzentrieren, da diese Systeme den technischen Zustand des Fahrzeugs nicht nur überwachen, sondern auch diagnostizieren. Gut

Schützenpanzer BMP-1 in stilechten Habitat.
Foto: Ralf Weinreich

möglich, dass sich der T-15 als jener ideale Partner erweisen wird, der im Gefecht „auf Augenhöhe" mit Kampfpanzern zusammenarbeiten kann.

# Schützenpanzer „Kurganez-25“ (Objekt 695)

Der neue Schützenpanzer „Kurganez-25“ (Der Kurgane; Anspielung auf das Herstellerwerk Kurganmaschsawod in der südwestsibirischen Stadt Kurgan) trat erstmals bei der ominösen Parade auf dem Roten Platz zum 9. Mai 2015 öffentlich in Erscheinung. Das Fahrzeug wurde von Kurganmaschsawod (Maschinenbauwerk Kurgan) entwickelt und stellt eine fortschrittliche mittlere Kettenplattform dar, auf deren Grundlage die folgenden Kampf- und Unterstützungsfahrzeuge gebaut werden sollen:

- Gepanzerter Mannschaftstransportwagen/Schützenpanzer;
- Kommando- und Befehlsfahrzeug;
- Aufklärungsfahrzeug;
- gepanzertes Sanitätsfahrzeug;
- Artillerie-Selbstfahrlafette für Geschütze bis 122 mm.

Nach erfolgreicher Erprobung soll der „Kurganez-25“ den motorisierten Schützenbataillonen zugehen und dort die veralteten BMP-2 ersetzten. Der Vertrag des Verteidigungsministeriums mit Kurganmaschsawod sah den Beginn der Lieferung für 2019–2020 vor. A. Losew, stellvertretender Generaldirektor des Konzerns, war da optimistischer und kündigte den Beginn der Serienproduktion für Mitte 2016 an. Im

| Technische Angaben „Kurganez-25“ | |
|---|---|
| Besatzung | 3 + 8 |
| Gefechtsgewicht, t | 25 |
| Bewaffnung (Kaliber), mm: | |
| Maschinenkanone | 30 |
| Maschinengewehr | 7,62 |
| PzAbw-Lenkrakete „Kornet“ | |
| Kampfbeladung (Schuss): | |
| Maschinenkanone | 500 |
| Maschinengewehr | 2000 |
| Leistung, PS | 800 |
| Höchstgeschwindigkeit, km/h: | |
| auf befestigten Straßen | bis zu 80 |
| schwimmend | bis zu 10 |
| Fahrbereich, km | 500–600 |

Schützenpanzer „Kurganez-25“. Man beachte die stattlichen „Seitenschürzen“ mit reaktiver Schutzpanzerung.

Schützenpanzer „Kurganez-25", rechte Buganssicht. Pressedienst Verteidigungsministerium

Dezember 2018 zog der stellvertretende Verteidigungsminister Juri Borrissow allerdings die Bremse und tat kund, „Kurganez-25" und T-14 „Armata" würden vorerst nicht in Serie gehen. Möglicher Weise waren nicht gelöste technische und/oder finanzielle Schwierigkeiten dafür verantwortlich; jedenfalls ging der „Kurganez" – so weit bekannt – bis heute (2022) nicht in Serie.

Der Schützenpanzer ist nach folgendem Schema aufgebaut. Im vorderen Teil der Wanne befindet sich der Aggregatraum, dahinter das Abteil mit den Plätzen für Fahrer und Kommandant. Im mittleren und hinteren Teil der Wanne befinden sich der Kampfraum und das Abteil für die mot.-Schützen. Der Kampfraum enthält ein ferngesteuertes Waffenmodul. Berichten zufolge ist der Kampfraum mit Bewaffnung und Munition baulich vom Truppenabteil getrennt, das acht voll ausgerüstete mot.-Schützen aufnehmen kann. Am Heck befindet sich eine Tür mit Rampe für das Auf- und Absitzen. Dachluken befinden sich nur über den Sitzen für Fahrer und Kommandant. Als „Stammbesatzung" werden drei Mann angegeben. Beim dritten Mann neben Kommandant und Fahrer handelt es sich wahrscheinlich um einen Richtschützen.

Die Wanne des Fahrzeugs ist aus gewalzten Panzerstahlblechen geschweißt. Die obere Frontplatte steht in einem steilen Winkel, die Seitenplatten sind senkrecht. Neben der Stahlpanzerung werden auch Keramikplatten verwendet.

Zusätzlich zu diesem passiven Schutz sind eine Turmschutzanlage, eine Aerosol-Nebelmittelwurfanlage sowie ein elektromagnetisches Schutzsystem vorgesehen.

Die im Mai 2015 in Moskau paradierenden „Kurganez-25" waren mit dem Kampfmodul „Epocha" (Epoche) ausgestattet und verfügten über fast die gleiche Bewaffnung wie der BMP-2: eine 30-mm-Maschinenkanone 2A42 und ein 7,62-mm-Maschinengewehr PKTM, ergänzt durch zwei Zwillingsstartrohre für die Panzerabwehr-Lenkwaffe (PTRK) „Kornet" (Kornett) links und rechts am Turm. Diese

Bewaffnung gilt als eine vorübergehende Option. Im Prinzip kann sie durch das vom Zentralen Forschungsinstitut Burewestnik entwickelte Kampfmodul AU-220M „Baikal" ersetzt werden. Die Waffenanlage „Baikal" umfasst eine 57-mm-Maschinenkanone mit einer Kadenz von bis zu 120 Schuss/Minute und ein 7,62-mm-Maschinengewehr. Sie lässt sich um 360° schwenken und verfügt über einen Höhenrichtbereich von –5° bis +75°.

Das digitale System des „Kurganez-25" soll viele Prozesse beim Bedienen der Waffen und beim Fahren automatisch steuern sowie überwachen und das Fahrzeug in einen übergeordneten taktischen Rahmen einbinden. Sichtkomplexe mit Wärmebildgeräten gewährleisten die Einsatzfähigkeit sowohl bei Tag als auch bei Nacht. Das Soft- und Hardwaresystem wird es dem Fahrzeug ermöglichen, Informationen über entdeckte oder getroffene Ziele an übergeordnete Stellen zu übermitteln und Informationen von Aufklärungs- und anderen Einheiten in Echtzeit zu empfangen.

Der im Antriebsstrang eingebaute Motor erbringt eine Leistung von bis zu 800 PS, der dem Fahrzeug auf befestigten Straßen zu einer Spitzengeschwindigkeit von bis zu 80 km/h verhilft. Das Laufwerk verfügt über sieben gefederte Laufrollen auf jeder Seite und sorgt für gute Geländegängigkeit. Mit Hilfe eines Wasserstrahlantriebs kann der „Kurganez-25" Wasserhindernisse schwimmend überwinden.

Schützenpanzer „Kurganez-25, linke Seite. Dimitriy Fomin CC BY 2.0

# Schwerer Schützenpanzer T-15 „Armata“ (Objekt 149)

Der schwere Schützenpanzer T-15 „Armata“ (Objekt 149) wurde erstmals bei der Parade auf dem Roten Platz am 9. Mai 2015 öffentlich vorgeführt. Er ist dafür ausgelegt, als Teil von Panzer- und motorisierten Schützenverbänden als Hauptkampffahrzeug selbst unter den Bedingungen nuklearer und anderer Massenvernichtungswaffen gepanzerten und ungepanzerten Feind zu bekämpfen. 2016–2017 durchlief das Fahrzeug eine erste Erprobung; ob es mittlerweile in Serie oder Kleinserie gebaut wird, entzieht sich der Kenntnis des Verfassers.

| Technische Angaben T-15 „Armata“ | |
|---|---|
| Besatzung | 3 + 8 |
| Gefechtsgewicht, t | etwa 50 |
| Bewaffnung (Kaliber), mm: | |
| Maschinenkanone | 30 |
| Maschinengewehr | 7,62 |
| PzAbw.-Lenkwaffe | „Kornet“ |
| Kampfbeladung (Schuss): | |
| Maschinenkanone | 500 |
| Maschinengewehr | 2000 |
| PzAbw-Lenkraketen | 4 |
| Leistung, PS | 1200–1500 |
| Höchstgeschwindigkeit, km/h: | |
| auf befestigten Straßen | 75–80 |
| Fahrbereich, km | 500 |

Schwerer Schützenpanzer T-15 „Armata“, Frontansicht. nationaldefense.ru

Der schwere Schützenpanzer T-15 ist wie der Kampfpanzer T-14 auf dem neuen Kettenfahrgestell „Armata“ aufgebaut, allerdings mit Verlegung des Motor-/Getrieberaums nach vorn in den Bug. Als erster russischer Schützenpanzer und als einer der ersten Spz weltweit bietet er der Besatzung das gleiche Schutzniveau wie ein Kampfpanzer. Die Einteilung des T-15 wird weitgehend vom „Arma-

Schwerer Schützenpanzer T-15, Bugansicht von rechts.

Der schwere Schützenpanzer T-15 baut wie der Kampfpanzer T-14 auf dem „Armata"-Fahrgestell auf.

ta"-Fahrgestell bestimmt. Wie erwähnt, befindet sich das Motor-/Getriebeabteil im Bug, dahinter der mittlere und hintere Teil als bemannte und gekapselte Räume mit Fahr- und Truppenabteil. Auf dem Dach des Kampf-/Truppenraums befindet sich ein ferngesteuertes „Epocha"-Kampfmodul. Es ist vom Mannschaftsraum getrennt, so dass die Auswirkung von Munitionstreffern für Besatzung und Mannschaft geringer ist.

Alle drei Besatzungsmitglieder verfügen über Dachluken, während die mot.-Schützen über eine Heckrampe ein- und aussteigen. Die Wanne entstand als geschweißte Konstruktion. Die Verbundpanzerung der Front widersteht nicht nur Handwaffengeschossen und Granatsplittern, sondern auch Granaten von Kampfpanzern. Auch die Seitenpanzerung ist ausreichend widerstandsfähig gegen Beschuss aller Art. An jeder Bugseite des Fahrzeugs befinden sich zudem fünf Zylinder mit Projektilen, die Lenkraketen und Geschosse abwehren können. Gegen die Druck- und Splitterwirkung von Minen wurde der Wannenboden V-förmig gestaltet und verstärkt.

Das Kampfmodul „Epocha" besteht aus einer 30-mm-Maschinenkanone 2A42 mit doppelter Munitionszufuhr für unterschiedliche Munitionsarten, einem mit ihr gekoppeltem 7,62-mm-Maschinengewehr PKTM und zwei Zwillingsabschussvorrich-

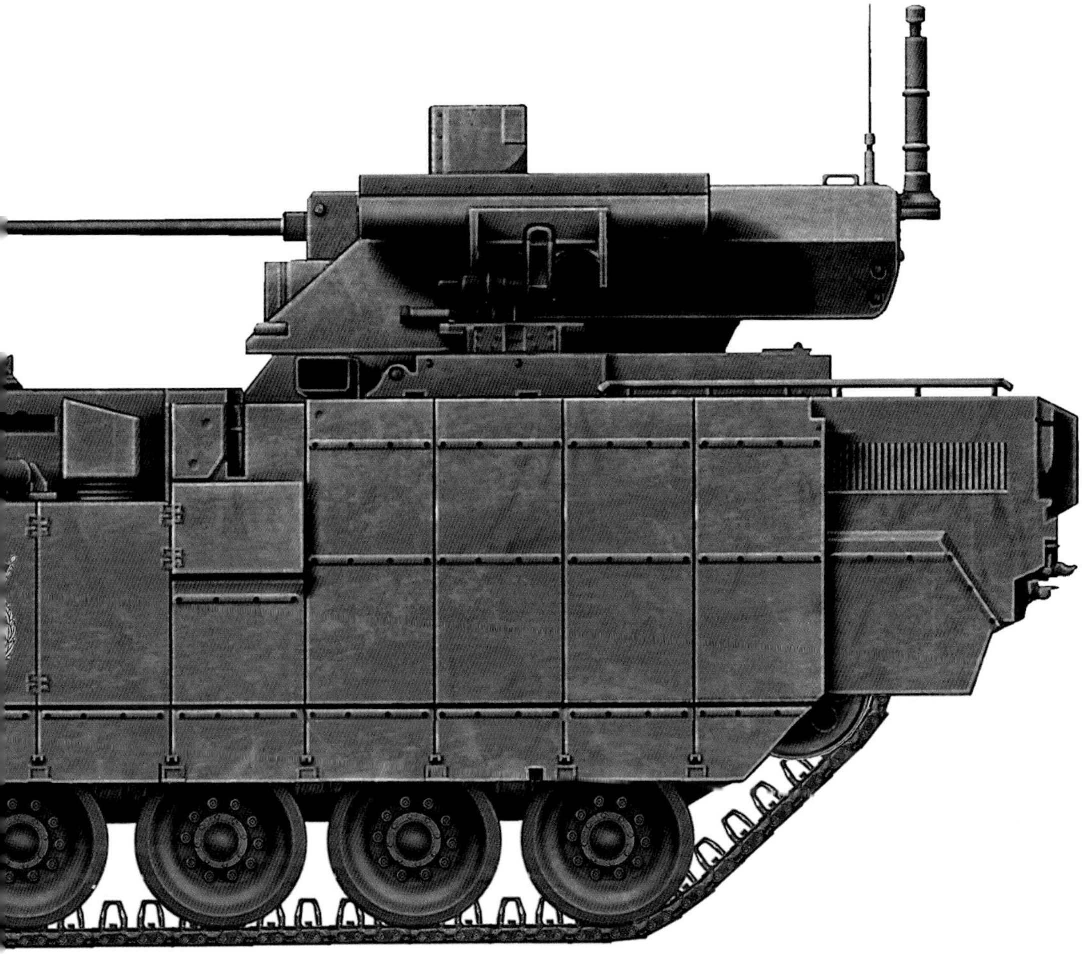

tungen für Panzerabwehr-Lenkraketen „Kornet". Die Kampfbeladung umfasst 500 Schuss für die Kanone, 2000 Schuss für das Maschinengewehr und vier Raketen 9M133.

Für Marsch und Feuerkampf wurde das Fahrzeug mit einer rechnergestützten Anlage versehen, zu der zwei multifunktionale Optiken (eine für den Richtschützen und eine für den Fahrer), ein Radar, eine Waffenstabilisierungsanlage und ein fortschrittliches Sensorsystem gehören. Dank der automatischen Feuerleitanlage kann der T-15 auch aus der Bewegung Ziele rundum mit hoher Treffgenauigkeit bekämpfen. Die Rundumsicht (im Nahbereich) gewährleisten Kameras, die Videobilder auf Displays übertragen und so eine 360°-Ansicht erzeugen. Eine Kontrollanlage überwacht den technischen Zustand von Motor und Getriebe, führt Fehlerdiagnosen durch und meldet den bordeigenen Systemen. Der X12-Dieselmotor A-85-3A leistet bis zu 1.500 PS und beschleunigt den T-15 auf befestigten Straßen auf bis zu 80 km/h. Das Fahrwerk verfügt über sieben Laufrollen je Seite; das Antriebsrad befindet sich vorn (und nicht hinten wie beim Kampfpanzer T-14). Die Geländegängigkeit des T-15 entspricht der des T-14. Im Unterschied zu vielen anderen sowjetischen/russischen Schützenpanzern ist der T-15 mit seinen 50 t Gefechtsgewicht aber nicht schwimmfähig.

## Schützenpanzer BMP-2

Der BMP-2 stellt die Masse der russischen Kettenschützenpanzer. Er steht bei vielen motorisierten Schützenbataillonen (42 BMP-2 und ein Führungsfahrzeug) sowie bei den Verbänden der Truppen des Innenministeriums in Verwendung. Nach Expertenschätzungen verfügten die russischen Streitkräfte 2020 über rund 3200 BMP-2.

Die Arbeiten an einem neuen Schützenpanzer als Ergänzung bzw. Ablösung des BMP-1 der Sowjetarmee begannen im Rahmen des so genannten „Boks“-Wettbewerbs (Boks = Box). Damals kam die sowjetische Armeeführung zum Schluss, dass ein BMP benötigt wird, dessen Hauptbewaffnung weniger zur Bekämpfung von Kampfpanzern (wie beim BMP-1), sondern hauptsächlich von Schützenpanzern und Hubschraubern der NATO-Armeen taugen müsse.

Beim Wettbewerb machte der Entwurf von Kurganmaschsawod das Rennen. Er beruhte auf dem BMP-1 und stellte im Prinzip eine Verbesserung der Bewaffnung dieses BMP dar. Der erste Prototyp wurde 1974 hergestellt, die Kleinserienproduktion begann 1977. Das Fahrzeug erhielt die Bezeichnung BMP-2. Nach den Plänen des Verteidigungsminis-

| Technische Angaben BMP-2 | |
|---|---|
| **Besatzung** | 3 + 7 |
| **Gefechtsgewicht, t** | 13,8–14,0 |
| **Abmessungen, mm** | |
| **Länge** | 6735 |
| **Breite** | 3150 |
| **Höhe** | 2059 |
| **Bewaffnung (Kaliber), mm:** | |
| **Maschinenkanone** | 30 |
| **Maschinengewehr** | 7,62 |
| **PzAbw-Lenkwaffe** | 9M113M „Konkurs“ |
| **Kampfbeladung (Schuss):** | |
| **Maschinenkanone** | 500 |
| **Maschinengewehr** | 2000 |
| **PzAbw-Lenkraketen** | 4 |
| **Leistung, PS** | 300 |
| **Höchstgeschwindigkeit, km/h:** | |
| **auf befestigten Straßen** | 65 |
| **schwimmend** | 7 |
| **Fahrbereich, km** | 600 |

Verbesserter BMP-2 mit Kampfmodul B05Ja01. Pressedienst Kurganmaschsawod

teriums der UdSSR sollte die Großserienproduktion erst im Falle eines Krieges mit China aufgenommen werden. Diese Pläne mussten jedoch geändert werden. Die geringe Effizienz des BMP-1 im Kampf gegen die afghanischen Mudschaheddin (schwache Splitterwirkung der 73-mm-Kanone und ihr geringer Höhenrichtbereich, der zum Bekämpfen von Gegnern an Berghängen nicht ausreichte) führte zur Notwendigkeit, den BMP-2 rasch in Großserie zu bringen. Und so erlebte er seine Feuertaufe bei den sowjetischen Truppen in Afghanistan.

Das Problem der geringen Wirksamkeit der BMP-1-Geschützbewaffnung konnte der Einsatz der 30-mm-Maschinenkanone 2A42 des BMP-2 weitgehend lösen. Die Maschinenkanone mit Höhenrichtbereich –5° bis +74° wurde in einem rundum schwenkbaren, elektrisch angetriebenen Turm montiert. Die MK 2A42 kann Einzelschüsse oder Salven mit niedriger (200–300 Schuss pro Minute) oder hoher Kadenz (mindestens 550 Schuss pro Minute) abfeuern und verfügt über eine doppelte Zuführung: ein Gurt für panzerbrechende Geschosse, der andere für Sprenggeschosse. Dadurch kann die Kanone leicht gepanzerte Ziele auf Entfernungen bis zu 1500 m, Panzerabwehrlenkflugkörper mittlerer Reichweite, ungepanzerte Fahrzeuge und ungeschützten Feind auf Entfernungen bis zu 4000 m bekämpfen; dazu mit Unterschallgeschwindigkeit fliegende Ziele in geringer Höhe bis auf 2000 m (im seitlichen Vorbeiflug bis auf 2500 m).

Maschinenkanone und 7,62-mm-Maschinengewehr PKT können sowohl vom Richtschützen als auch vom Kommandanten im Turm bedient werden. Sie verwenden die kombinierten Tag- und Nachtzielgeräte 1PZ-3 und BPK-1-42. Mittels Doppelebenen-Stabilisator 2E36-1 oder 2E36-5 lässt sich das Geschütz auch aus der Bewegung mit hinreichender Treffgenauigkeit abfeuern. Zur Bekämpfung gepanzerter Ziele auf Entfernungen von 75 bis 4000 m wurde der Waffenturm des Weiteren mit Startvorrichtungen für die Panzerabwehr-Lenkrakete 9M113M „Konkurs" (Wettbewerb) versehen. Einige Versionen des BMP-2 verfügen auf der linken Turmseite über einen zusätzlichen 30-mm-Maschinengranatwerfer AG-17 zur Bekämpfung von Weichzielen.

Der BMP-2 ist mit fortschrittlichen Nebelmittelwurfanlagen ausgestattet. Zusätzlich zur üblichen thermischen Nebelausrüstung des BMP-1 ist der BMP-2 mit sechs Nebelwurfbechern 902W „Tutscha"

Schützenpanzer BMP-2, Heckansicht von links.

BMP-2 beim Durchschwimmen eines Gewässers.

(Wolke) auf dem Turm ausgestattet, die bei einer Reichweite von 200–300 m einen Nebelvorhang von 50 x 28 m erzeugen.

In Verbindung mit dem Einbau eines größeren Turms verringerte sich die Zahl der mot.-Schützen im BMP-2 (im Vergleich zum BMP-1) auf sieben. Sechs davon befinden sich im Truppenraum und einer ist separat hinter dem Sitz des Fahrers untergebracht (beim BMP-1 wurde dieser Platz vom Fahrzeugkommandanten eingenommen, der Kommandant des BMP-2 sitzt hingegen im Turm). Zum Feuern mit Handwaffen aus dem Fahrzeug befinden sich an den Wannenseiten Schießluken und Winkelspiegel zur Überwachung des Gefechtsfeldes.

Im Triebwerksraum des BMP-2 befindet sich ein verbesserter Sechszylinder-Dieselmotor UTD-20S1 mit Turbolader. Getriebe und Laufwerk sind praktisch die gleichen wie beim BMP-1. Insofern gibt es in Bezug auf Fahreigenschaften und Geländegängigkeit keine Unterschiede. Auf befestigten Straßen erreicht der BMP-2 eine Höchstgeschwindigkeit von 65 km/h. Aufgrund seines geringen Bodendrucks (0,6 kg/cm²) kann er auch sumpfiges und schneebedecktes Gelände befahren. Er überwindet Steigungen bis zu 35°, bis zu 0,7 m hohe senkrechte Hindernisse und bis zu 2,5 m breite Gräben.

Leider hat der BMP-2 neben der hohen Beweglichkeit auch die äußerst unzureichende Panzerung des BMP-1 geerbt, was vor allem mit der Schwimmfähigkeit zu tun hat. Um genügend Auftrieb im Wasser zu gewährleisten, mussten die Konstrukteure die Dicke der Panzerung so weit reduzieren, dass sie die Besatzung nicht mehr hinreichend vor Handwaffengeschossen und Granat- wie Minensplittern schützt. Aus diesem Grund sitzen die mot.-Schützen bei Märschen in minenverseuchten Gebieten vorzugsweise aufs Dach des BMP-2, denn so haben sie beim Auffahren auf Minen bessere Überlebenschancen.

Der schwimmfähige Schützenpanzer BMP-2 mit 30-mm-Maschinenkanone stellt nach wie vor das Arbeitspferd der russischen motorisierten Schützenverbände dar.

BMP-2 mit zusätzlichem Seiten- und Gitterschutz gegen Hohlladungen. Pressedienst Kurganmaschsawod

Auf dem Marsch in minenverseuchten Kriegs- und Krisengebieten zieht es die hintere Kampfbesatzung oft vor, auf dem Dach des BMP-2 Platz zu nehmen – eine Lehre aus Afghanistan, die man auch in der Ukraine nicht vergaß. Diese statische Gruppenaufnahme zeigt jedoch eine BMP-2-Besatzung nach einem Einsatz irgendwo in Afghanistan.

# Schützenpanzer BMP-3

Das russische Heer verfügt nur über eine relativ kleine Flotte an BMP-3-Schützenpanzern. Das Fahrzeug wurde in den späten 1970er- und frühen 1980er-Jahren vom Konstruktionsbüro des Maschinenbauwerks Kurgan (Kurganmaschsawod) entwickelt, 1987 in der sowjetischen Armee eingeführt und im selben Jahr in einer Vorserie von zwölf Fahrzeugen produziert. Finanzielle Probleme in den letzten Jahren der maroden Sowjetunion verhinderten die Fertigung nennenswerter Stückzahlen BMP-3 für die Sowjetarmee. Tatsächlich wurde nur ein einziges motorisiertes Schützenregiment im sibirischen Militärbezirk damit ausgerüstet. Auch die Auslieferungen des BMP-3 nach dem Zusammenbruch der UdSSR verliefen nicht stabil. Ende 1993 hatten die russischen Streitkräfte schließlich die meisten der seit Produktionsbeginn hergestellten 339 Einheiten erhalten. Im Jahr 1994 wurde die Beschaffung gestoppt. Erst elf Jahre darauf, im Jahr 2005, wurde angekündigt, dass die Armee 24 neue BMP-3 erhalten würde. Tatsächlich wurden nur drei Fahrzeuge geliefert. Im Jahr 2007 wurde dann ein mot.-Schützenbataillon mit neuen BMP-3 ausgerüstet; es erhielt 30 Fahrzeuge plus ein Befehlsfahrzeug. Geplant war aber die Lieferung von zwei Bataillonssätzen. Im Jahr 2008 gingen insgesamt 41 Neufahrzeuge an die Truppe. Im Jahr 2010 wurde das Ende der Beschaffung des BMP-3 bekanntgegeben. Doch im Mai 2015 unterzeichnete das Verteidigungsministerium einen Vertrag mit dem russischen Traktorenwerk-Konzern, zu dem auch Kurganmaschsawod gehört, über die Lieferung von mehreren hundert BMP-3. Die Fertigung soll bis zum Abschluss der Entwicklungs- und Erprobungsarbeiten am „Kurganez-25" fortgesetzt werden.

Exportaufträge halfen dem Maschinenbauwerk Kurgan, die Produktionsanlagen und das technische Wissen aufrechtzuerhalten und sogar die Produktion

Diese Aufnahme dokumentiert die guten Kletter- und Geländeeigenschaften des BMP-3.
Pressedienst Kurganmaschsawod

des BMP-3 zu erweitern. Außer bei den russischen Streitkräften ist der BMP-3 heute auch bei den Armeen von Kuwait, Saudi-Arabien, Syrien, Südkorea, Zypern, der Ukraine, Algerien, Venezuela und Aserbaidschan im Einsatz.

Im Unterscheid zu seinen BMP-Vorgängermodellen erhielt der BMP-3 einen „Panzer"-Aufbau. Der Motor-Getriebe-Raum befindet sich im Heck, der Kampfraum mit Mannschaftsabteil in der Mitte und das Fahrerabteil im Bug. Der Fahrersitz mit fünf Winkelspiegeln ist in Längsachse der Wanne angeordnet; links und rechts davon befinden sich die Maschinengewehrschützen des mot.-Schützentrupps. Sie feuern ihre 7,62-mm-Maschinengewehre aus Kugelblenden. Jeder der drei Arbeitsplätze verfügt über eine eigene Dachluke. Im mittleren Kampfraum befindet sich der gepanzerte Drehturm mit der Hauptbewaffnung; der Arbeitsplatz von Fahrzeugkommandant und Richtschütze.

Der BMP-3 ist in seiner Zusammensetzung und Feuerkraft einzigartig; es gibt keine Entsprechung bei den bislang eingeführten oder zukünftigen Schützenpanzern anderer Länder weltweit. Die Waffenanlage umfasst die halbautomatische 100-mm-Glattrohrkanone 2A70, die 30-mm-Maschinenkanone 2A72 und das 7,62-mm-Maschinengewehr PKT.

Das 100-mm-Geschütz verschießt Sprenggranaten 30F32 und lasergesteuerte Panzerabwehrraketen 9M117 „Arkan" (Lasso). Die Reichweite der Sprenggranate beträgt 7000 m, die des Lenkflugkörpers 100 bis 5500 m. Seine Panzerungsdurchschlagskraft über die Reaktivpanzerung hinaus beträgt 650 mm (anderen Quellen zufolge 750 mm), so dass „Arkan" praktisch alle vorhandenen Panzertypen zerstören kann. Die Kampfbeladung

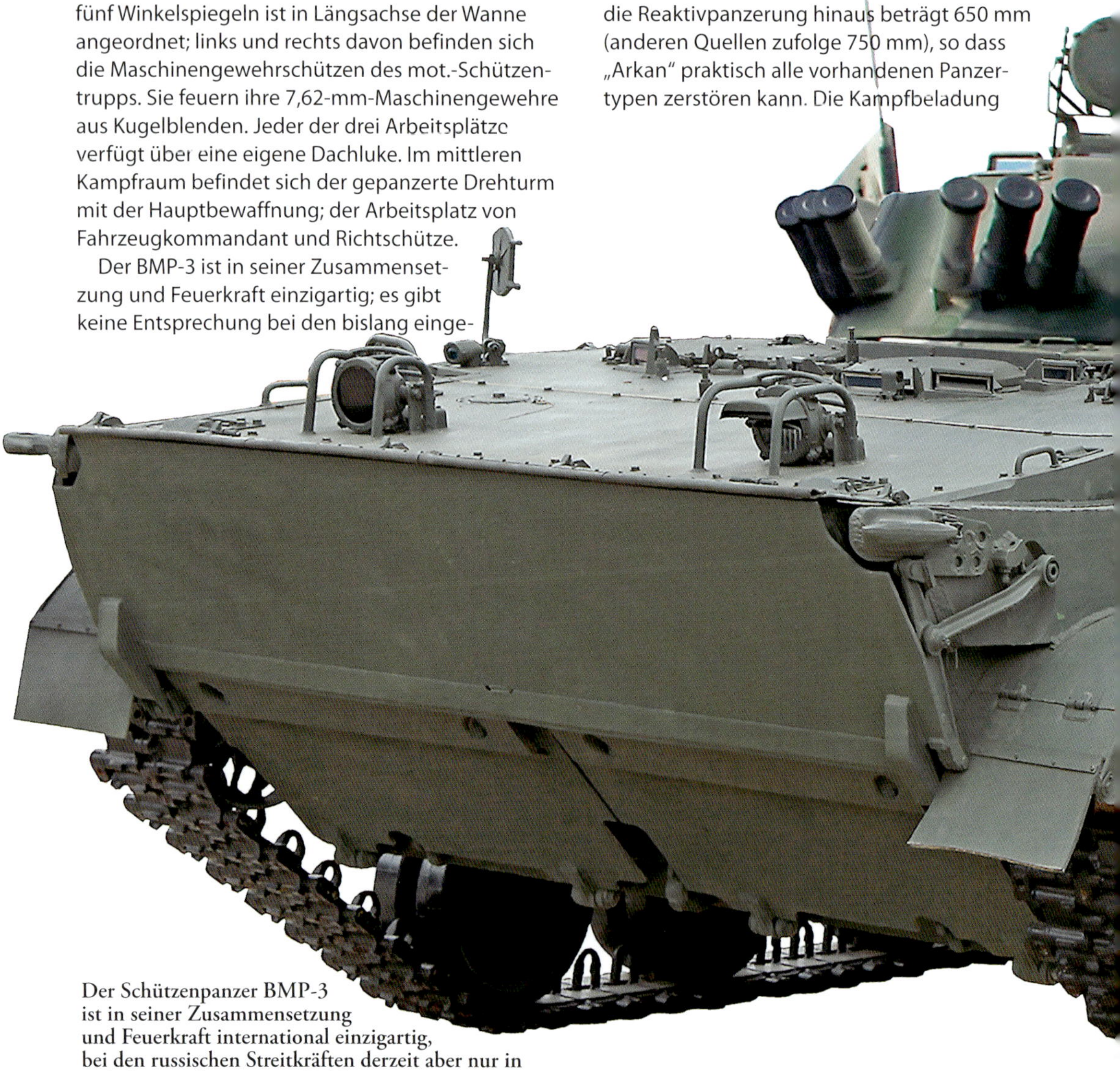

Der Schützenpanzer BMP-3 ist in seiner Zusammensetzung und Feuerkraft international einzigartig, bei den russischen Streitkräften derzeit aber nur in verhältnismäßig geringer Zahl vertreten.

umfasst 40 Schuss 100-mm-Munition, untergebracht in einem mechanisierten Magazin (Ladeautomat) unter dem Drehturm. Die halbautomatische Funktionsweise des Geschützes ermöglicht eine Feuergeschwindigkeit von bis zu 10 Schuss pro Minute. Die koaxiale 30-mm-Kanone 2A72 bringt es auf eine Kadenz von mindestens 330 Schuss pro Minute. Sie ist für die Unterdrückung oder Bekämpfung gepanzerter Fahrzeuge in einer Entfernung von bis zu 2000 m sowie für die Bekämpfung von Hubschraubern in einer Entfernung von bis zu 4000 m ausgelegt. Die Kanone ist mit zwei Zuführern bestückt und verfügt über 500 Schuss Spreng- und panzerbrechende Granaten. Die Kampfbeladung des auf dem Turm angeordneten 7,62-mm-Maschinengewehrs PKT beträgt 2000 Schuss. Weitere 4000 Schuss sind für die beiden Maschinengewehre im Bug reserviert.

Schützenpanzer BMP-3, linke Seitenansicht.

| Technische Angaben BMP-3 | |
|---|---|
| Besatzung | 3 + 7 |
| Gefechtsgewicht, t | 18,7 |
| Abmessungen, mm<br>Länge<br>Breite<br>Höhe | <br>7200<br>3230<br>2450 |
| Bewaffnung (Kaliber), mm:<br>Geschütze<br>Maschinengewehr<br><br>PzAbw-Lenkwaffe | <br>1 x 30 mm,<br>1 x 100 mm<br>3 x 7,62<br>9M113M „Konkurs“ |
| Kampfbeladung (Schuss):<br>Geschütze<br><br>Maschinengewehre<br>PzAbw-Lenkraketen | <br>500 x 30 mm,<br>40 x 100 mm<br>6000<br>4 |
| Leistung, PS | 500 |
| Höchstgeschwindigkeit, km/h:<br>auf befestigten Straßen<br>schwimmend | <br>70–72<br>10 |
| Fahrbereich, km | 600 |

Der noch bei Seegang 3 schwimm- und einsatzfähige BMP-3F stellt die seegängige Ausführung des BMP-3 für die Marineinfanterie dar. Auf dieser Aufnahme begibt sich ein BMP-3F publikumswirksam besonders dynamisch zu Wasser. Man beachte den Schnorchel am Heck. Pressedienst Kurganmaschsawod

**Die Ausführung BREM-L dient Instandsetzungseinheiten als gepanzertes Berge- und Wartungsfahrzeug. Pressedienst Kurganmaschsawod**

Das Feuerleitsystem der vollstabilisierten Waffenanlage besteht u. a. aus der Visier- und Richtanlage (Laser und passives Infrarot) für den Beschuss von Luft- und Bodenzielen, der elektrischen Doppelstabilisierung und einem ballistischer Rechner. Die beiden Maschinengewehre im Bug werden über die Prismenwinkelspiegel mit faseroptischen Zielmarkierungen gerichtet. Alles zusammen gewährleistet einen wirksamen Waffeneinsatz gegen Boden- wie Luftziele. Die Höhenrichtbereich der Turmwaffen beträgt –5° bis +60°. An der Vorderseite des Turms sind sechs Nebelwurfbecher montiert.

Hinter dem Kampfraum befindet sich der Truppenraum mit sieben Sitzen; zwei Einzelsitze sind von den anderen fünf durch das Motorschott getrennt. Der Truppenraum ist mit Belüftungsöffnungen, Verpflegungs- und Munitionskisten sowie Schießluken für Handwaffen ausgestattet. Der Zugang erfolgt über zwei Luken im Rumpfdach und zwei Türen in der Heckpanzerplatte.

Schalldichte Trennwände trennen den Motor- und Getrieberaum im Heck vom Mannschaftsraum. Ein flüssigkeitsgekühlter Zehnzylinder-V-Dieselmotor UTD-29 leistet bis zu 500 PS. Der BMP-3 ist im Übrigen das erste gepanzerte russische Fahrzeug, das ein hydromechanisches Getriebe mit Zapfwellenantrieb für den Wasserstrahlantrieb verwendet. Die sechs einzeln gefederten Laufrollen je Seite ergänzen drei Stützrollen. Bei den Laufrollen handelt es sich um Zwillingslaufrollen mit Gummibereifung. Die Aufhängungspunkte an den ersten beiden und letzten Laufrollen sind mit zusätzlichen hydraulischen Stoß-

BMP-3 in einer Montagehalle des Maschinenbauwerks Kurgan (Kurganmaschsawod).

dämpfern ausgestattet. Die Antriebsräder befinden sich hinten. Die feingliedrige Scharnierkette aus Stahl nimmt Gummipolster auf. Die Ketten werden vom Fahrer elektromechanisch gespannt und ihre Spannung angezeigt. Insgesamt ist das Fahrwerk so konzipiert, dass es sowohl auf der Straße als auch in unwegsamem Gelände reibungslos funktioniert. Der BMP-3 überwindet Steigungen bis 30°, bis zu 0,8 m hohe senkrechte Hindernisse und bis zu 2,5 m breite Gräben. Seine beiden einstufigen axialen Wasserstrahlantriebe in Schneckenform bringen ihn beim Schwimmen auf bis zu 10 km/h Fahrt.

Folgende gepanzerte Fahrzeuge beruhen ebenfalls auf dem BMP-3-Fahrgestell:

- Der BMP-ZK ist ein Befehlsfahrzeug mit zusätzlicher Funk- und Navigationsausstattung;
- der BRM-3 „Rys" (Luchs) ist ein gepanzertes Aufklärungsfahrzeug;

- das BREM-L „Begljanka“ (Flüchtige/Entlaufene) ist ein gepanzertes Bergungsfahrzeug mit Kran, Zugwinde und Räumschild;
- der Raketenjagdpanzer mit Lenkraketen „Chrisantema“ (Chrysantheme);
- die 120-mm-Selbstfahrlafette „Wena“ (Wien).

Im Zuge der Modernisierung entstanden u. a. folgende BMP-3-Ausführungen:

- BMP-3M mit neuem Feuerleitsystem, kampfwertgesteigerter Munition und Panzerabwehr-Lenkwaffensystem 9M117M1 „Arkan“;
- BMP-3 mit Reaktivpanzerung;
- BMP-3 mit optronischen Unterdrückungssystem „Schtora-1“;
- BMP-3M-3 mit Abstands-aktivem Abwehrsystem „Arena“;
- BMP-3 mit Waffenanlage „Bachtscha-U“ (Melone; BMD-4);
- BMP-3F als Schützenpanzer der Marineinfanterie, der noch bei Seegang 3 schwimmfähig ist und bei Seegang 2 noch erfolgreich Ziele bekämpfen kann. Im Einsatz bei der indonesischen Marineinfanterie.

Vor kurzem hat der Traktorenwerk-Konzern, zu dem auch Kurganmaschsawod gehört, drei neue Modifikationen des BMP-3 vorgestellt:

- BMP-3 „Witjas“ (Recke) mit neuer Feuerleitanlage;
- BMP-3 „Dragun“ (Dragoner) mit geänderter Einteilung und Motor im Bug, wodurch der Truppenraum vergrößert werden konnte;
- BMP-3 „Deriwazija“ (Ableitung) mit neuem ferngesteuerten Kampfmodul AU-220M, das mit einer 57-mm-Flugabwehrkanone und einem 7,62-mm-Maschinengewehr ausgestattet ist.

Mitte August 2019 gab ein Vertreter des staatlichen Unternehmens „Rostec“ bekannt, dass Russland mit Hochdruck an der Entwicklung neuer Systeme zum Schutz des BMP vor Panzerabwehrwaffen arbeite, zu denen auch die weltweit verbreiteten SPG-9 und RPG-7 gehören. Derzeit arbeiten Rostec-Unternehmen an der Verbesserung des passiven Schutzes des BMP-3 und untersuchen außerdem verschiedene Optionen für die Integration moderner aktiver Schutzsysteme. So genannte aktive Schutzsysteme erkennen anfliegende Geschosse (Panzerabwehrraketen und -geschosse) und bekämpfen diese mit verschiedenen Maßnahmen, die von der Störung bis zur Zerstörung der eintreffenden Geschosse oder der Beschädigung und Abschwächung ihrer Auswirkungen reichen. Berichten zufolge kann der Einsatz solcher Systeme die Überlebensfähigkeit gepanzerter Fahrzeuge auf dem Gefechtsfeld um den Faktor zwei bis drei erhöhen.

# Luftlande-Schützenpanzer BMD-2

Den Großteil der gepanzerten Ausrüstung der russischen Luftlandetruppen (WDW) stellten die luftverlastbaren und an Fallschirmen abwerfbaren amphibischen Schützenpanzer BMD-1 und BMD-2 dar. Vom Grundsatz her handelt es sich um verkürzte und aus Gründen der Fallschirmverbringung „erleichterte" BMP mit fünf statt sechs Laufrollen und Motor-/Getriebeeinheit im Heck. 2012 verfügten die Luftlandetruppen über etwa 700 BMD-1 und 600 BMD-2. Zum technischen Zustand des damals „neuesten" BMD-2, der an einer außerplanmäßigen Übung im Februar 2013 teilnahm, äußerte sich Generalstabschef General W.W. Gerassimow, wie folgt: „BMD-1 und BMD-2 sind technisch und physisch veraltet, das Alter der Fahrzeuge beträgt 20–25 Jahre und manchmal sogar mehr. Der Verschleiß der Hauptteile und -baugruppen erlaubt es nicht, diese Ausrüstung einsatzmäßig zu nutzen. Auf einem Marsch zum Schießplatz sind gleich zwei BMD-2-Einheiten ausgefallen." Im Rahmen eines bereits im Frühjahr 2012 unterzeichneten Vertrags rüstete das Wolgograder Ingenieurbüro VgT3 135 BMD-1 zu

| Technische Angaben Luftlande-Schützenpanzer BMD-2 | |
|---|---|
| **Besatzung** | 2 + 6 |
| **Gefechtsgewicht, t** | 11,5 |
| **Abmessungen, mm** | |
| **Länge** | 7850 |
| **Breite** | 2940 |
| **Höhe** | 2450 |
| **Bewaffnung (Kaliber), mm:** | |
| **Maschinenkanone** | 30 |
| **Maschinengewehr** | 3 x 7,62 |
| **PzAbw-Lenkwaffe** | 9M111/9M113 „Konkurs" |
| **Kampfbeladung (Schuss):** | |
| **Maschinenkanone** | 300 |
| **Maschinengewehre** | 2940–2980 |
| **PzAbw-Lenkraketen** | 3 |
| **Leistung, PS** | 245 |
| **Höchstgeschwindigkeit, km/h:** | |
| **auf befestigten Straßen** | 80 |
| **schwimmend** | 10 |
| **Fahrbereich, km** | 450 |

Luftlande-Schützenpanzer BMD-2 nach erfolgtem Absetzen an Fallschirmen. Zusätzliche Bremsraketen milderten den Aufprall am Boden. upload.wikivedia.org

BMD-2 um. Im Juli 2014 wurde berichtet, dass das Unternehmen im Rahmen eines neuen Vertrags mit dem Verteidigungsministerium eine Überholung durchführe, um die verbleibenden BMD-1 ebenfalls auf Stand BMD-2 zu bringen. In der Ankündigung hieß es: „Es wird keine alten BMD-1 und darauf basierende Fahrzeuge mehr geben. Somit wird der BMD-2 das Rückgrat der gepanzerten Fahrzeugflotte der russischen Luftlandetruppen bilden, bis diese mit dem neuen BMD-3 ausgerüstet sein wird."

Der BMD-2 wurde vom Konstruktionsbüro des Wolgograder Traktorenwerks entwickelt, 1985 von der Sowjetarmee übernommen und im Wolgograder Traktorenwerk hergestellt. Er beruht auf dem Vorgängermodell BMD-1 – die Luftlandeversion des BMP-1 –, dessen Bewaffnung nach den Einsatzerfahrungen in Afghanistan als unzulänglich befunden wurde. Daher erhielt der BMD-1 die Bewaffnung des BMP-2 und somit die 30-mm-Maschinenkanone 2A42, das 7,62-mm-Maschinengewehr PKT und eine Abschussvorrichtung für Panzerabwehr-Lenkraketen 9M113 und 9M111. Die beiden Bug-Maschinengewehre PKT des BMD-1 behielt er in den ersten Fertigungslosen bei.

Die Bewaffnung im neuen, rundum schwenkbaren Drehturm verfügt über einen Höhenrichtbereich von bis zu +75°, wodurch der BMD-2 nicht allein Bodenziele, sondern auch langsam fliegende Luftziele (Hubschrauber) bekämpfen kann; dank der Waffenstabilisierung auch aus der Bewegung heraus. Die Flugabwehrfähigkeit wurde durch Aufnahme der Flugabwehr-Raketensysteme „Strela-2" (Pfeil) und „Igla" (Nadel) deutlich verbessert. Ebenso erhielt der Richtschütze im Turm ein verbessertes Tag- und Nachtsichtgerät BPS-1-42. Außerdem gibt es Nachtsichtgeräte für den Kommandanten und den Fahrer sowie drehbare Winkelspiegel für Bug-MG-Schützen und Fahrer. Die Aufrüstung zum BMD-2 hatte praktisch keine Auswirkungen auf Wanne, Motor, Getriebe oder Laufwerk, die so vom BMD-1 übernommen wurden; dazu die Funkausstattung. Dank der beträchtlichen Leistungsreserve des Triebwerks verfügt der BMD-2 über die gleiche Mobilität und Geländegängigkeit wie der BMD-1 bei einer höheren Nutzlast von 8 Tonnen. Als Befehlsfahrzeug entstand der ebenfalls in Serie gebaute BMP-2K. Natürlich

Verladen von Luftlande-Schützenpanzern BMD-2 in ein militärisches Transportflugzeug zum Absetzen an Fallschirmen. Man beachte die Fallschirmbündel für das 11,5 t schwere Fahrzeug (Gefechtsgewicht).

BMD-2 kurz vor der Verladung in einen Mi-26; den größten und schwersten in Serie gebauten Transporthubschrauber der Welt. In seinem Frachtraum, der größer ist als der des viermotorigen Transportlugzeugs An-12, finden zwei BMD Platz. army.lv

Luftlande-Schützenpanzer BMD-2 auf einem Truppenübungsplatz. Der BMD-2 wurde unter anderem bei den Kämpfen in der Ukraine eingesetzt. topwar.ru

Luftlande-Schützenpanzer BMD-2 mit 30-mm-Maschinenkanone, Ansicht von schräg rechts.

kann auch der BMD-2 Wasserhindernisse schwimmend überwinden und in Frachträumen geeigneter Transportflugzeuge und Hubschrauber transportiert werden. Auf Plattformen P-7 und P-16 lässt er sich an Mehrkuppel-Lastenfallschirmen abwerfen. Kurz vor der Landung verringert das Raketen-Bremssystem PBS-916 die Aufprallkräfte. Neu entwickelte Fallschirm- und Raketensysteme des Typs PRSM-925 ermöglichen den Abwurf des BMD-2 aus IL-76-Flugzeugen aus 500–1500 m Höhe.

Der kampfwertgesteigerte BMD-2M erhielt zwei Startvorrichtungen für „Kornet"-Lenkraketen und eine neue Richtanlage mit Laserzielgerät. Bis 2017 sollten 200 BMD-2 auf BMD-2M-Standard gebracht werden.

## Luftlande-Schützenpanzer BMD-3 „Bachtscha“

Anfang der 1980er-Jahre forschte die UdSSR an der Entwicklung eines neuen Luftlande-Schützenpanzers, der die Besatzung besser schützen und auch beweglicher sein sollte als der BMD-2. Die Frage nach der Bewaffnung wurde gesondert betrachtet. Erste Berechnungen ergaben, dass das Fahrzeug mit einer einzelnen 30-mm-Maschinenkanone nur 12,5 t, mit einer Doppelbewaffnung aus 30-mm-MK plus 100-mm-Kanone (wie BMP-3) 18 t wiegen würde. Somit könnte das Militärtransportflugzeug Il-76M drei Fahrzeuge mit der ersten oder zwei der zweiten Bewaffnungsvariante befördern. Studien erwiesen, dass der Luftlandepanzer mit einer 30-mm-Kanone seine Aufgaben am effektivsten erfüllen konnte, auch oder gerade im Hinblick auf die Luftverlastbarkeit. Am 20. Mai 1983 erhielt das Wolgograder Traktorenwerk den Auftrag, unter der Arbeitsbezeichnung „Bachtscha“ (Melone) ein solches Fahrzeug zu entwickeln. 1985 lagen drei Prototypen vor, die vom 27. Oktober 1986 bis zum 27. Oktober 1987 die Erprobung durchliefen. Nach

| Technische Angaben Luftlande-Schützenpanzer BMD-3 „Bachtscha“ | |
|---|---|
| Besatzung | 2 + 5 |
| Gefechtsgewicht, t | 12,9–13,2 |
| Abmessungen, mm | |
| Länge (mit Geschütz 12 Uhr) | 6100 (6360) |
| Breite | 3114 |
| Höhe | 2450 |
| Bewaffnung (Kaliber), mm: | |
| Maschinenkanone | 30 |
| Maschinengewehr | 1 x 5,45; 1 x 7,62 |
| Maschinengranatwerfer AG-17 | 30 |
| PzAbw-Lenkwaffe | 9P135M „Konkurs“ |
| Kampfbeladung (Schuss): | |
| Maschinenkanone | 500 + 360 |
| Maschinengewehr | 2160 x 5,45; 2000 x 7,62 |
| Granatwerfer | 280 + 261 |
| PzAbw-Lenkraketen | 4 |
| Leistung, PS | 450 |
| Höchstgeschwindigkeit, km/h: | |
| auf befestigten Straßen | 70 |
| schwimmend | 10 |
| Fahrbereich, km | 500 |

Luftlande-Schützenpanzer BMD-3 „Bachtscha“ auf einer Waffenausstellung. theworldwars.net

Beseitigung festgestellter Mängel ging der Typ im dritten Quartal 1988 in die weitere Erprobung in verschiedenen Klimazonen. Die Sowjetarmee stellte das Muster dann am 10. Februar 1990 unter der Bezeichnung BMD-3 (Objekt 950) offiziell in Dienst. Die Einteilung des BMD-3 folgt dem bewährten Schema des BMD-1 und BMD-2, wobei der integrierte Fahrer- und Kampfraum im vorderen und mittleren Bereich der Wanne und das Motor-/Getriebeabteil im Heck untergebracht sind. Die Wanne des BMD-3 wurde neu gestaltet, um die Besatzung besser zu schützen als frühere Fahrzeuge. Vorn, entlang der Längsachse, befindet sich der Fahrersitz. Oberhalb dieses Platzes im Wannendach ist eine separate Luke mit Winkelspiegeln angebracht. Rechts im Bug ist ein 5,45-mm-Maschinengewehr RPKS-74 eingebaut und links ein 30-mm-Maschinengranatwerfer AG-17. Dank der gekrümmten Flugbahn seiner Geschosse kann der Granatwerfer auch Ziele hinter Deckungen bekämpfen, die für die anderen Waffen des BMD-3 mit gestreckter Geschossflugbahn unerreichbar sind. Die Kampfbeladung besteht aus 280 gegurteten Sprenggranaten WOG-70 an der Waffe und weiteren 261 Granaten in einem Behälter im Innenraum. Der Granatwerfer- und der Maschinengewehrschütze verwenden periskopische Visiere.

Der BMP-3 ist mit einem zweisitzigen, gepanzerten Drehturm ausgestattet, dessen Konstruktion und Bewaffnung der des BMP-2 ähnelt. Dazu gehört eine 30-mm-Maschinenkanone 2A42, die panzerbrechende, Sprengbrand- sowie Splittermunition verschießt. Die Kampfbeladung besteht aus 500 Schuss gegurteter Munition an der Waffe und weiteren 360 Schuss in der Wanne. Die Kanone ist in zwei Ebenen stabilisiert und kann Ziele aus der Bewegung heraus bekämpfen (einschließlich Luftziele, da der maximale Höhenwinkel der Kanone +75° und die Drehgeschwindigkeit des Turms 30–35°/s betragen).

Das Geschütz und sein koaxiales 7,62-mm-PKT-Maschinengewehr verfügen über ein stabilisiertes Tag- und Nacht-Periskopvisier (aktiv-passiv) und lassen sich sowohl vom Richtschützen als auch vom Kommandanten im Turm bedienen. Der Richtschütze verfügt über ein kombiniertes Nacht- und Tagzielfernrohr und zwei Winkelperiskope. Zur Bekämpfung schwer gepanzerter Ziele verfügt der BMD-3 des Weiteren über vier Panzerabwehr-Lenkraketen 9P135M „Konkurs".

Luftlande-Schützenpanzer BMD-3, Ansicht von rechts. army.lv

Luftlande-Schützenpanzer BMD-3 auf einem Übungsgelände. en.wikipedia.org

BMD-3 mit aufgesessenen Fallschirmjägern bei den Proben für eine große Parade. Beim einsatzmäßigen Absetzen am Fallschirm befindet sich die gesamte Besatzung im Übrigen an Bord, was die schnelle Einsatzbereitschaft des Fahrzeugs am Boden sicherstellt. ruaevik.ru

An den hinteren Turmseiten sind je drei Becher für Nebelwurfkörper 902W „Tutscha“ montiert.

Hinter dem Turm in der Wanne des BMD-3 befinden sich Sitze für zwei Soldaten, die durch zwei seitliche Schießluken (eine auf jeder Seite) und eine Öffnung in der Einstiegsluke schießen können. Über den Schießluken befinden sich Winkelspiegel. Zusätzlich zu den beiden genannten gibt es weitere drei Sitze für die Absitz-Besatzung.

Alle Sitze sind am Wannendach aufgehängt, was nicht nur den Schutz gegen Minen erhöht, sondern mit Fallschirmsystem PBS-950 auch den Abwurf des BMD-3 mitsamt Besatzung ermöglicht. Entsprechende Versuche wurden zwar schon mit dem BMD-1 durchgeführt, doch erst beim BMD-3 wurde diese Methode Standard. Ein Transportflugzeug IL-76M kann auf diese Weise drei BMD-3 samt Besatzungen absetzen. Die Männer müssen also nicht getrennt abspringen, am Boden sich vom Gurtzeug lösen, sammeln, möglicherweise unter Beschuss ihr Fahrzeug besetzen und dieses erst klar machen – im Fahrzeug gelandet, sind sie wesentlich schneller einsatzbereit.

Der BMD-3 ist mit einem Vielstoff-Dieselmotor 2W-06-2 mit einer maximalen Leistung von 450 PS ausgestattet. Hier sind auch die Motorheizung und die Innenraumheizanlage installiert, die dafür sorgen, dass Fahrzeug und Besatzung selbst bei –25°C in 5 Minuten und bei –45°C in 20 Minuten voll einsatzbereit sind. Das neue hydromechanische Getriebe verfügt über einen Nebenantrieb für den Wasserstrahlantrieb. Das Automatikgetriebe verfügt über fünf Vorwärtsgänge und ebenso viele Rückwärtsgänge. Die hydropneumatische Aufhängung des Laufwerks ermöglicht eine Änderung der Bodenfreiheit zwischen 190 und 590 mm vom Fahrersitz aus. Auf jeder Seite befinden sich vier Stützrollen und fünf Laufrollen, die vom Amphibienpanzer PT-76 stammen. Die Antriebsräder befinden sich am Heck. Dank eines hydraulischen Mechanismus kann der Fahrer vom Sitz aus die Spannung der Stahlkette einstellen und so dem Gelände anpassen. Auf befestigten Straßen erreicht der BMD-3 eine Höchstgeschwindigkeit von 70 km/h; im Gelände bis zu 45 km/h und im Wasser 10 km/h. Er überwindet Steigungen von bis zu 35°, bis zu 0,7 m hohe senkrechte Hindernisse und bis zu 2 m breite Gräben.

Sollte das Fahrzeug im Wasser durch Beschuss leck werden, schützen es eine hohe Auftriebsreserve (die aufnehmbare Wassermenge beträgt mehr als 30 Prozent seiner Verdrängung) und leistungsstarke Wasserstrahlantriebe, die mit einem einzigartigen automatischen Pumpensystem ausgestattet sind, vor dem Sinken. Der BMD-3 lässt sich von Landungsbooten oder -schiffen absetzen und wieder aufnehmen. Zur Ausstattung gehören des Weiteren Funk, Navigationshilfen, eine ABC-Abwehr- und eine Feuerlöschanlage.

1990 begann die Serienfertigung des BMD-3; 1997 lief den WDW das letzte von insgesamt 143 Fahrzeugen zu. 2012 verfügten die russischen Luftlandetruppen über etwa 100 BMD-3. Der relativ geringe Ausstoß war in erster Linie auf die finanziellen Schwierigkeiten infolge des Zusammenbruchs der UdSSR zurückzuführen. Die Tage des BMD-3 bei den russischen Streitkräften wären ohnehin gezählt gewesen, denn das anfällige Fahrwerk bereitete laufend Schwierigkeiten.

## Luftlande-Schützenpanzer BMD-4M „Sadowniza“

1987 erhielten die motorisierten Schützenverbände mit dem BMP-3 einen Schützenpanzer mit einzigartiger Geschützbewaffnung: er verfügt über eine 100-mm-Kanone und eine 30-mm-Maschinenkanone.

Ein Luftlande-Schützenpanzer mit ähnlicher Bewaffnung wurde zu Beginn des 21. Jahrhunderts von den Konstrukteuren des Wolgograder Traktorenwerks und des staatlichen *Buro Konstruktorskoe Priborostroeniya* (Konstruktionsbüro für Gerätetechnik) entwickelt und erstmals auf der Rüstungsmesse IDELF-2004 in Moskau vorgestellt.

Das vom *Buro Konstruktorskoe Priborostroeniya* für dieses Fahrzeug entwickelte „Bachtscha“-Kampfmodul verfügt über eine enorme Feuerkraft. Es besteht aus einer 100-mm-Kanone mit einer Schussweite von bis zu 7 km (34 Sprenggranaten), einer 30-mm-Maschinenkanone mit einer Reichweite von

| Technische Angaben Luftlande-Schützenpanzer BMD-4M „Sadowniza“ | |
|---|---|
| **Besatzung** | 3 + 5 |
| **Gefechtsgewicht, t** | 13,5 |
| **Bewaffnung (Kaliber), mm:** | |
| **Geschütze** | 1 x 30 mm, 1 x 100 mm |
| **Maschinengewehr** | 1 x 7,62 mm |
| **PzAbw-Lenkwaffe** | „Arkan“ |
| **Kampfbeladung (Schuss):** | |
| **Geschütze** | 500 x 30 mm, 34 x 100 mm |
| **Maschinengewehr** | 2000 |
| **PzAbw-Lenkraketen** | 4 |
| **Leistung, PS** | 500 |
| **Höchstgeschwindigkeit, km/h:** | |
| **auf befestigten Straßen** | 70 |
| **schwimmend** | 10 |
| **Fahrbereich, km** | 500 |

Luftlande-Schützenpanzer BMD-4M „Sadowniza“ auf einer Parade. Dabei ist der BMD-4M alles andere als ein „Paradefahrzeug“: Das Turm-Kampfmodul „Bachtscha“ mit 100-mm-Kanone, 30-mm-Kanone und 7,62-mm-MG verleiht ihm eine enorme Feuerkraft. (siehe auch vorhergehende Seite) Pressedienst Verteidigungsministerium

Proben für eine Parade (die Mündungsschützer sind nicht entfernt, die Fahrzeuge noch staubbedeckt) mit Luftlande-Schützenpanzern BMD-4M. Die grüßenden Kommandanten mit klassischer „Parade-Genickstarre" – die hohen Tiere sitzen meist hoch oben auf einer Tribüne. sarov.info

4 km (464 Schuss) und einem 7,62-mm-Maschinengewehr (Munition für 2000 Schuss).

Das halbautomatische 100-mm-Geschütz verschießt Sprenggranaten großer Splitterwirkung mit Abstandszünder und außerdem Panzerabwehr-Rohrraketen, mit denen sich Feindpanzer bis auf etwa 5000 m bekämpfen lassen.

Die russischen Luftlandetruppen nahmen das Fahrzeug im Dezember 2004 unter der Bezeichnung BMD-4 an; der Beginn der Serienfertigung war für 2005 vorgesehen. Der Betrieb von 20 BMD-4, die 2004–2006 in Dienst gestellt wurden, förderte allerdings bald eine unangenehme Tatsache zutage: Das vom BMD-3 übernommene Fahrwerk erwies sich als äußerst unzuverlässig und musste grundlegend überarbeitet werden. Die Konstrukteure von Kurganmaschsawod entwarfen darüber hinaus eine neue Wanne und übernahmen dabei bewährte Baugruppen des BMP-3 (siehe S. 43). Mit anderen Worten: 80 % der Bauteile im überarbeiteten Objekt 960M stammten vom BMP-3. Am 21. März 2008 wurde der später als BMD-4M „Sadowniza" (Gärtnerin) bezeichnete Typ Vertretern des russischen Verteidigungsministeriums vorgeführt. Bald darauf wurde bekannt gegeben, dass der BMD-4M gemäß dem „Staatlichen Rüstungsprogramm bis 2015" das neue Arbeitspferd der russischen Luftlandetruppen werden solle. Aus einer Reihe von Gründen verzögerte sich die Einführung des BMD-4M jedoch. Erst 2014 durchliefen die Prototypen die Erprobung. Im Mai 2015 gab Generaloberst W.A. Schamanow, Befehlshaber der Luftlandetruppen, den Beginn der Serienfertigung des BMD-4M für Juni 2015 bekannt. Die ersten Serienfahrzeuge gingen an die Luftlan-

Zum Absetzen an Fallschirmen vorbereiteter BMD-4M. expert.ru

**BMD-4M unterwegs in verschneitem Gelände – den Flaggen gemäß wahrscheinlich für Fotozwecke. Pressedienst Kurganmaschsawod**

detruppenschule in Rjasan und anschließend an die 106. Garde-Luftlandedivision in Tula und Rjasan. A. Bakow, Miteigner des Traktorenwerk-Konzerns, kündigte an, dass 2015–2018 mehr als 250 BMD-4M produziert würden, davon 62 Einheiten noch im Jahr 2015. Wie viele Fahrzeuge die Truppe bislang erreichten, entzieht sich der Kenntnis des Verfassers. Sicher ist nur, dass der BMD-4M die Kampfkraft und Beweglichkeit der Luftlandeverbände am Boden um das Dreifache erhöht hat bzw. erhöhen wird.

Der BMD-4M ist wie andere amphibische Schützenpanzer aufgebaut. Die Motor-Getriebe-Einheit befindet sich im Heck, Fahrerabteil und Truppenraum im Bug und in der Mitte. Die versiegelte Wanne ist aus leichten Panzerplatten geschweißt. Die Frontplatte weist eine starke Schrägung auf, wogegen die Seitenplatten senkrecht angebracht sind. Die Kampfraum-Besatzung steigt trotz des hinten liegenden Motors über eine große Heckluke ein und aus, außerdem gibt es mehrere Luken auf dem Wannen-Dach.

Obwohl die Fallschirmjäger an der Bewaffnung des BMP-3 an sich nichts auszusetzen hatten, erhielt der BMD-4M das neue Kampfmodul „Bachtscha-U" mit 100-mm-Kanone 2A70, 30-mm-Maschinenkanone 2A72, 7,62-mm-Maschinengewehr PKTM und vier Panzerabwehrlenkraketen „Arkan" sowie eine analog-digitale Feuerleitanlage. Dazu gehören ein Kommandanten-Panoramavisier mit Laserentfernungsmesser, ein Zielverfolgungssystem, eine Laser-Lenkanlage für Raketen, ein Nachtsicht-Wärmebildgerät und die für den Waffeneinsatz unter schwierigen Wetterbedingungen erforderlichen Sensoren. Dieses System erhöht die Treffgenauigkeit um ein Vielfaches und ermöglicht es dem BMD-4M, Kampfaufträge ohne Artillerieunterstützung selbstständig zu lösen.

Der Schützenpanzer verwendet den gleichen Vielstoff-Dieselmotor UTD-29 wie der BMP-3 mit einer Höchstleistung von 500 PS. Auch beim Fahrwerk nutzt der BMD-4M Baugruppen und Teile des BMP-3. Auf jeder Seite befinden sich 5 Laufrollen und 4 Stützrollen. Das Antriebsrad befindet sich am Heck. Zwei Wasserstrahltriebwerke bewegen das Fahrzeug im Wasser. Selbstverständlich lässt sich der BMP-4M wie seine Vorgänger auch am Fallschirm abwerfen.

Luftlande-Schützenpanzer BMD-4M beim Marsch. sarov.info

# Flammpanzer BMO-T

Die 1. Mobile Brigade der russischen RChBS-Truppen (ABC-Abwehrtruppen; *Radiazionnoi, Chimitscheskoi i Biologitscheskoi Saschtschity*) sowie die 6. selbstständige Panzerbrigade sind mit schweren Flammpanzern BMO-T (Objekt 564) auf T-72-Fahrgestell ausgerüstet. Der Begriff „Flammpanzer“ muss hier etwas weiter gefasst werden, denn der BMO-T verfügt über keine fest eingebauten Flammwaffen, sondern über schultergestützte Einweg-Flammenwerfer RPO „Schmel“, welche die Kampfbesatzung vom Fahrzeug aus, aber auch außerhalb davon zum Einsatz bringen kann. Nach russischem Verständnis gehören Flammwaffen zu den Chemischen Truppen, die zwar Bestandteil der ABC-Abwehrtruppen sind, aber in diesem Fall durchaus zu den Kampf- und Kampfunterstützungstruppen gerechnet werden müssen. Die Flammenwerfer-Truppenteile lassen sich vielleicht

| Technische Angaben Flammpanzer BMO-T | |
|---|---|
| **Besatzung** | 2 + 7 |
| **Gefechtsgewicht, t** | 43,9 |
| **Abmessungen, mm:** | |
| **Länge** | 7200 |
| **Breite** | 3800 |
| **Höhe** | 2300 |
| **Bewaffnung:** | |
| **Maschinengewehr** | 1 x 12,7 mm |
| **Flammenwerfer** | 32 x RPO o. RPO-A |
| **Kampfbeladung:** | |
| **Maschinengewehr** | 300 Schuss |
| **Flammenwerfer** | 32 Einwegwaffen |
| **Leistung, PS** | 840 |
| **Höchstgeschwindigkeit, km/h:** | 60 |
| **Fahrbereich, km** | 710 |

Schwerer Flammpanzer BMO-T, Frontansicht. wikimedia.org

am besten mit früheren Sturmpionier-Einheiten vergleichen, die – wie das Beispiel deutscher Sturmpioniere des 1. und 2. Weltkriegs zeigt – mit Flammenwerfern vielfach gegen Festungswerke und Grabenstellungen zum Einsatz kamen. Im 2. Weltkrieg kamen Flammpanzer hinzu, die mehr Flammöl mitführen konnten und größere Wurfweiten erreichten als die am Mann transportierten Werfer und überdies ihren Bedienern Panzerschutz boten. Beim BMO-T handelt es sich vom Grundsatz her um solch ein Fahrzeug, das im Unterschied zum klassischen Flammenwerfer – wie oben erwähnt – aber flexibel einsetzbare Abschussrohre mitführt, aus denen Raketengeschosse mit thermobarischem Gefechtskopf verschossen werden. Dies ermöglicht den Einsatz auf wesentlich größere Entfernungen und mit stärkerer Wirkung, als sie ein herkömmlicher Flammenwerfer zu leisten vermag.

Der BMO-T wurde für den geschützten Transport der Flammwaffen-Kampfbesatzung und den Einsatz auf dem Gefechtsfeld ausgelegt. BMO-T-Flammenwerfereinheiten werden bei Bedarf motorisierten Schützen- und Panzerverbänden angeschlossen oder unterstellt, um befestigte Feindstellungen zu bekämpfen oder im Orts- und Häuserkampf zu wirken.

Schwerer Flammpanzer BMO-T, Bugansicht von links. alternathistory.org.ua

Die Abwehrbewaffnung des BMO-T-Flammpanzers besteht lediglich aus einem schweren 12,7-mm-Maschinengewehr. aw.mail.ru

Schwere Flammpanzer BMO-T bei einer Parade. Vier Mann der Kampfbesatzung präsentieren ihre schultergestützten Flammenwerfer RPO „Schmel". Im Einsatz können diese vom Fahrzeug oder abgesessen eingesetzt werden. alternathistory.org.ua

Berichten zufolge wurde der BMO-T in den späten 1990er-Jahren entwickelt, wobei Erfahrungen in Afghanistan und im ersten Tschetschenienkrieg eine Rolle gespielt haben dürften. Nach einer Erprobung im Jahr 2001 wurde das Fahrzeug von den RChBS-Truppen übernommen; mehrere Fahrzeuge wurden auch an Schützenverbände geliefert. Öffentlich vorgestellt wurde der BMO-T erstmals 2011 auf der Internationalen Rüstungsmesse „WTB-Omsk-2011". Der turmlose BMO-T ist auf dem Fahrgestell des Kampfpanzers T-72 (siehe S. 14) aufgebaut. Im Bereich des Mannschaftsraums und des Fahrerabteils befindet sich ein kastenförmiger gepanzerter Aufbau, dessen Wände zusammen mit der Panzerwanne den Kampfraum bilden. Dort befinden sich die Arbeitsplätze für Kommandant, Fahrer und die siebenköpfige Flammenwerfer-Besatzung, der insgesamt 32 Einweg-Flammenwerfer RPO oder RPO-A zur Verfügung stehen.

Der Panzerschutz an der Frontseite entspricht dem eines Kampfpanzers. Die Seitenwände bieten ebenfalls Schutz auf Panzerniveau und lassen sich mit zusätzlichen Reaktivpanzerschilden ausstatten. Im hinteren Teil befinden sich zwei nach oben öffnende Luken, die so der Besatzung einen gewissen Schutz beim Ein- und Aussteigen unter Gefechtsbedingungen bieten. Dank einer Nebelmittelwurfanlage kann sich das Fahrzeug feindlicher Sicht entziehen. Als Abwehrbewaffnung führt der BMO-T lediglich ein schweres fernbedienbares 12,7-mm-Maschinengewehr Typ „Kord" oder „Utes" an der rundum schwenkbaren Kommandantenluke, das sich zur Bekämpfung von Boden- wie Luftzielen eignet.

Schwerer Flammpanzer BMO-T auf Fahrgestell T-72. Die siebenköpfige Kampfbesatzung verfügt über insgesamt 32 schultergestützte Einweg-Flammenwerfer RPO-A oder RPO-M „Schmel" mit thermobarischen Gefechtsköpfen.

Die Kommandantenluke verfügt über drei und die Fahrerluke über vier Winkelspiegel zur Beobachtung der Umgebung. Außerdem sind auf dem Dach mehrere Winkelspiegel für die Flammschützen angebracht. Das Fahrzeug verfügt über eine Funkausstattung, die eine effektive Verbindung zu anderen Teilen taktischer Kampfeinheiten erlaubt.

Die Wahl des T-72-Panzerfahrgestells als Chassis für den BMO-T vereinfachte seine Herstellung und Übernahme durch die Truppe. Für den Antrieb des 44-t-Fahrzeugs sorgt ein W-84-1- oder W-84M-Vielstoffmotor mit einer Leistung von 840 PS. Motor und Getriebe stammen vom T-72 wie das Laufwerk, das auf jeder Seite 6 Laufrollen aufweist; Antriebsrad hinten. Wie der T-72 erreicht der BMO-T eine Höchstgeschwindigkeit von 60 km/h auf befestigten Straßen. Er überwindet Steigungen bis zu 30°, bis 0,85 m hohe senkrechte Hindernisse und Gräben bis zu 2,8 m Breite. Ohne Vorbereitung durchwatet er bis zu 1,2 m tiefe Gewässer.

Neben dem BMO-T auf Fahrgestell T-72-Panzers wurde das Flammenwerfer-Kampffahrzeug BMO-1 auf Fahrgestell BMP-2 entwickelt, dessen Panzerschutz sich jedoch als unbefriedigend erwies.

# Kampfunterstützungsfahrzeug BMPT „Terminator" (Objekt 199)

Seit Mitte der 1980er-Jahre wurde in der UdSSR an der Entwicklung eines Panzerunterstützungsfahrzeugs (BMPT) gearbeitet, das auf dem Gefechtsfeld den Kampfpanzern panzergefährdende Waffen (Panzerfäuste, tragbare und selbstfahrende Panzerabwehr-Lenkwaffen usw.) und Panzernahkämpfer vom Leibe halten und so den erfolgreichen Einsatz der Kpz gewährleisten sollte. Das bis dahin modernste BMPT „Terminator" (Objekt 199) wurde 1998–2000 vom Konstruktionsbüro des Werkes Uralwagonsawod entwickelt und anschließend vom Unternehmen in Kleinserie gebaut. Dann wollte man bis 2010 ein eigenes BMPT-Fertigungswerk errichten, was sich aber aus verschiedenen Gründen zerschlug. Seitdem wurde das BMPT „Terminator" regelmäßig auf Rüstungsmessen ausgestellt und erfreut sich großer Aufmerksamkeit bei Militärexperten. Das Fahrzeug wird derzeit als Kampfunterstützungsfahrzeug eingestuft, da seine Bewaffnung sich vorzugsweise zur Unterstützung von Panzer- und motorisierten Schützenverbänden eignet.

Das Fahrzeug ist auf dem Fahrgestell des Kampfpanzers T-72 aufgebaut (siehe S. 14); des Weiteren gibt es eine Variante auf Fahrgestell T-90 (siehe S. 24). Bei beiden ersetzte man den Standardturm durch einen noch flacheren Drehturm, der als Kampfmodul mit mehren Waffen, Feuerleiteinrichtungen und hochpräzisen lasergesteuerten Schutzsystemen ausgestattet ist. Die Hauptbewaffnung besteht aus zwei 30-mm-Kanonen 2A42 und vier Abschussrohren für Lenkraketen „Schturm-SM" (Sturm, Sturmangriff), die entweder mit Hohlladungs- oder thermobarischen Gefechtsköpfen bestückt sind. Hinzu kommt ein koaxiales PKTM-Maschinengewehr mit einer Kampfbeladung von 2000 Schuss. Die Waffen sind in zwei Ebenen stabilisiert und verfügen über eine elektro-

**Kampfunterstützungsfahrzeug BMPT „Terminator", Frontansicht.**

Kampfunterstützungsfahrzeug BMPT „Terminator“ auf einer Rüstungsmesse.
Pressedienst OAO Uralwagonsawod

Kampfunterstützungsfahrzeug BMPT „Terminator“ bei einer Parade.

mechanische Richtanlage. Die Rohre der Zwillingskanone können unabhängig voneinander feuern; die Munitionszufuhr erfolgt aus zwei Magazinen mit einer Gesamtkapazität von 850 Schuss, was eine lange Feuerdauer ohne Überhitzung der Rohre gewährleistet. Der im Turm untergebrachte Richtschütze fasst die Ziele mit Hilfe eines Mehrkanalvisiers mit unabhängiger vertikaler und horizontaler Stabilisierung auf, das es ihm ermöglicht, kleine Ziele sowohl bei Tag als auch bei Nacht aufzuklären. Das ist aber noch nicht alles: Zusätzlich zur Turmbewaffnung erhielt der BMPT zwei 30-mm-Maschinengranatwerfer rechts und links an der Wannenfront mit einem Seitenrichtbereich von 60°. Ihre Bediener sitzen links und rechts vom Fahrer. Dank einer Mehrfachoptik können sie Ziele bei Tag und Nacht bekämpfen.

Der Kommandant sitzt neben dem Richtschützen im Waffenturm. Seine Hauptaufgabe besteht in der Zielaufklärung und deren Zuweisung an die verschiedenen Waffenbediener, wozu ihm ein um 200° schwenkbares Tag/Nachtsicht-Periskop dient. Unabhängig vom Richtschützen kann der Kommandant die Hauptbewaffnung über das Panoramavisier oder das Laserzielgerät des Richtschützen richten und feuern.

Kampfunterstützungsfahrzeug BMPT „Terminator“, rechte Bugansicht.

Kampfunterstützungsfahrzeug BMPT „Terminator“, Frontansicht. Die Hauptbewaffnung besteht aus zwei 30-mm-Kanonen und vier Abschussvorrichtungen für Lenkraketen „Schturm“ am Drehturm sowie zwei 30-mm-Maschinengranatwerfern links und rechts in Wannen-Erkern. Der „Terminator“ ist entweder auf Fahrgestell T-72 oder T-90 aufgebaut.

Die Kommunikationsausstattung des BMPT ermöglicht die Einbindung in übergeordnete, automatisierte Führungssysteme. Sie besteht u. a. aus zwei UKW-Funkgeräten Typs R-168, einer Satellitennavigationsanlage, sowie einem Bildschirm für taktische Informationen mit speziellem Prozessor.

Das Fahrzeug ist mit einer effektiven Rundumpanzerung ausgestattet. Der Frontschutz entspricht dem eines Kampfpanzers, jedoch ohne dessen Schwachstellen am Turm. Reaktive Panzerungselemente befinden sich auch an den Wannenseiten und hinten am Heck abnehmbare Schutzgitter zur Abwehr von Panzerfaust-Hohlladungen. Ein lasergesteuertes Abstandssystem zur Abwehr von Lenkwaffen ergänzt das Ganze.

Optimisten gehen davon aus, dass das BMPT „Terminator" in seiner Rolle als „Kampfpanzerschützer" zwei motorisierte Schützenzüge mit sechs BMP-2 ersetzen kann. Da das BMPT Fahrgestell, Motor und Getriebe vom T-72 übernahm, entsprechen Fahreigenschaften, Geländegängigkeit und Leistungen denen des Kampfpanzers. An und für sich logisch, denn das BMPT soll ja in erster Linie Panzereinheiten begleiten.

| **Technische Angaben BMPT „Terminator"** | |
|---|---|
| **Besatzung** | 5 |
| **Gefechtsgewicht, t** | 48 |
| **Abmessungen, mm:** | |
| **Länge** | 7200 |
| **Breite über Seitenblenden** | 3800 |
| **Höhe** | 1940 |
| **Bewaffnung:** | |
| **Kanone** | 2 x 30 mm 2A42 |
| **Maschinengewehr** | 1 x 7,62 mm PKTM |
| **Granatwerfer** | 2 x 30 mm AG-17D |
| **PzAbw-Lenkwaffe** | 4 x „Schturm-SM" |
| **Kampfbeladung (Schuss):** | |
| **Maschinenkanone** | 850 |
| **Maschinengewehr** | 2000 |
| **Granatwerfer** | 600 |
| **Lenkraketen** | 4 |
| **Leistung, PS** | 780 |
| **Höchstgeschwindigkeit, km/h:** | 60 |
| **Fahrbereich, km** | 550 |

Kampfunterstützungsfahrzeug BMPT „Terminator" mit ausgelegter Munitionspalette. Pressedienst OAO Uralwagonsawod

# Kampfunterstützungsfahrzeug BMPT „Terminator-2"

Im Herbst 2013 stellte Uralwagonsawod auf der internationalen Ausstellung „Russia Arms Expo" in Nischni Tagil das neue BMPT-72 vor. Das Fahrzeug erhielt daraufhin den Namen „Terminator-2" und wurde als „Kampfpanzer-Unterstützungsfahrzeug" klassifiziert. Wie der „Terminator" ist auch der „Terminator-2" auf dem Fahrgestell des Kampfpanzers T-72 augebaut und soll folgende Aufgaben übernehmen:

- Unterdrückung und Bekämpfung feindlicher Kräfte, die mit Panzerfäusten und tragbaren Panzerabwehr-Lenkwaffen bewaffnet sind.
- Bekämpfung leicht gepanzerter Ziele.
- Unterstützung von Kampfpanzern und Schützenpanzern.
- Bekämpfung von Hubschraubern und tief fliegenden Flugzeugen im Zusammenwirken mit Flugabwehr-Einheiten.

Das Fahrzeug ist mit einer leistungsfähigen Waffenanlage ausgestattet. Sie umfasst:

- 2 x 30-mm-Maschinenkanonen 2A42 mit 850 Schuss;
- 1 x 7,62-mm-Maschinengewehr PKTM mit 2100 Schuss;
- 2 x Zwillings-Abschussvorrichtungen für Lenkraketen 9M120-1 und 9M120-1F.

Die Kanonen und das Maschinengewehr sind zur Bekämpfung von leicht gepanzerten Zielen und feindlicher Infanterie bestimmt, können aber auch Luftziele herunterholen. Die in zwei Zwillingsrohren untergebrachten Überschall-Lenkflugkörper können mit einer Trefferwahrscheinlichkeit von nahezu 100 Prozent schwer gepanzerte und andere wichtige Ziele bis auf große Entfernung ausschalten. Die gesamte ferngesteuerte Bewaffnung ist in einem Aufbau über dem Fahrer- und Kampfraum untergebracht und von diesem abgeschottet.

Das Kampfunterstützungsfahrzeug BMPT „Terminator-2" verfügt im Unterschied zum Vorgänger „Terminator" über eine verbesserte Feuerleitanlage, verbesserten Panzerschutz und verbesserte Lenkwaffen, verzichtete aber auf die beiden Maschinengranatwerfer in der Wanne und kommt so mit einer dreiköpfigen Besatzung aus. radikal.ru

Im Vergleich zum Vorgängermodell „Terminator" verfügt der „Terminator-2" über eine verbesserte Feuerleitanlage sowie über einen verbesserten Schutz der Waffenanlage gegen Granatsplitter und Handwaffenbeschuss. Durch den Verzicht auf die Maschinengranatwerfer konnte die Besatzung auf drei Mann reduziert werden.

Das russische Verteidigungsministerium hat jedoch noch nicht entschieden, ob der „Terminator-2" in die Streitkräfte eingeführt werden soll. Der stellvertretende Generaldirektor von Uralwagonsawod, V. Chalitow äußerte in einem Interview mit ITAR-TASS am 22. Mai 2014: „Es waren die Militärs, die zu dem Schluss kamen, dass Panzer nicht mehr ohne Begleitung in Städte eindringen dürfen und die Funktion des Schutzes vor Panzerfäusten von einem Begleitfahrzeug mit starker Bewaffnung übernommen werden soll. Die Konstrukteure haben diese Anforderung technisch umgesetzt". Chalitow führte weiter aus, das Verteidigungsministerium habe im Zuge der Armeereform eine Überprüfung aller Ausrüstung vorgenommen und dabei einige Waffen, die im Rahmen verschiedener staatlicher Verträge entwickelt wurden und als vielversprechend galten, aufgegeben. Chalitow betonte: „Es ist völlig unklar, warum das BMPT in diese Liste aufgenommen wurde. Das Fahrzeug hat das Potenzial, sich in moderne Formen und Methoden des Kampfes in lokalen Konflikten einzufügen."

Die Chancen zur Übernahme durch die russischen Streitkräfte standen bzw. stehen für den „Terminator-2" dennoch nicht schlecht. Am 1. Oktober 2014

| Technische Angaben BMPT „Terminator-2" | |
|---|---|
| Besatzung | 3 |
| Gefechtsgewicht, t | 44 |
| Abmessungen, mm:<br>Rumpflänge<br>Breite über Seitenblenden<br>Höhe | <br>7200<br>3600<br>3300 |
| Bewaffnung:<br>Kanone<br>Maschinengewehr<br>PzAbw-Lenkwaffe | <br>2 x 30 mm 2A42<br>1 x 7,62 mm PKTM<br>4 x „Ataka" |
| Kampfbeladung (Schuss):<br>Maschinenkanonen<br>Maschinengewehr<br>Lenkraketen | <br>850<br>2100<br>4 |
| Leistung, PS | 840 oder 1000 |
| Höchstgeschwindigkeit, km/h: | 60 |
| Fahrbereich, km | 500 |

Blick auf das Kampfmodul des „Terminator-2" – zwei 30-mm-Maschinenkanonen und vier Panzerabwehrlenkraketen „Ataka". Irgendwo muss sich noch das 7,62-mm-MG verstecken. tvzvezda.ru

Das Kampfunterstützungsfahrzeug BMPT „Terminaror-2“ kann nicht nur Erdziele, sondern auch Hubschrauber und Drohnen bekämpfen. Die Aufnahme entstand auf einem Truppenübungsplatz.

BMPT „Terminator-2“ auf dem Marsch mit einer mot.-Schützeneinheit in der Ukraine. Wie es scheint, verfügt dieses Fahrzeug noch über die beiden Maschinengranatwerfer in den Wannenerkern. Wahrscheinlich ein Mischling mit Wanne des alten „Terminator“ und Kampfmodul des neuen „Terminator-2“.

kündigte Generaloberst O.L. Saljukow, Oberbefehlshaber der Bodentruppen der Russischen Föderation, an, dass die Frage nach der Zweckmäßigkeit des Einsatzes dieses Fahrzeugs nach Abschluss der Arbeiten zur Festlegung der künftigen Form der Bodentruppen geklärt werden soll.

Das BMPT „Terminator-2" durchlief mittlerweile erfolgreich eine Einsatzerprobung bei den russischen Truppen in Syrien. Eine Kompanie „Terminator-2" (10 Fahrzeuge) nahm bzw. nimmt auch an der russischen Sonderoperation in der Ukraine teil. Hierzu ein paar Einzelheiten: Seine Feuertaufe in der Ukraine erlebte das BMPT wohl bei den Kämpfen um Popasna, einer Schlüsselstelle der ukrainischen Verteidigung in Richtung Luhansk. Lange Zeit wurden die Kämpfe um Popasna hauptsächlich entlang der Stadtgrenzen ausgetragen, was es dem ukrainischen Militär ermöglichte, seine Feuerstellungen relativ sicher zu wechseln – oft nachts, wenn trotz aller Nachtsichtgeräte immer noch der beste Schutz gegen Sichtaufklärung besteht. An dieser Stelle kamen die „Terminatoren" ins Spiel. Die ferngesteuerte Bewaffnung der BMPT ermöglichte es ihnen, aus der Deckung heraus sich bewegende Ziele aus großer Entfernung zu bekämpfen, ohne sich im „Nahkampf" feindlicher Waffenwirkung auszusetzen. Die BMPT-Besatzungen richteten die Ziele mit Wärmebildgeräten an und legten mit ihren 30-mm-Zwillingskanonen und Sprenggranaten Sperrfeuer auf die feindlichen Truppen. An anderer Stelle zerstörten die BMPT mit Panzerabwehrraketen „Ataka" gepanzerte ukrainische Fahrzeuge oder Kampfpanzer.

Beim weiteren Vormarsch der russischen Truppen auf Sewerodonezk kamen die Raketen erneut zum Einsatz. Aus öffentlich zugänglichen Quellen geht hervor, dass die russischen Truppen in einem Angriffsabschnitt auf eine ukrainische Einheit aus Panzern und anderen Kampffahrzeugen stießen. Im entstehenden Gefecht wurden diese von zwei „Terminator"-Zügen mit Lenkraketen auf beträchtliche Entfernung bekämpft. Der Hauptvorteil der „Ataka-T"-Raketen sind a) ihre Überschallgeschwindigkeit von über 500 m/s, die die Flugzeit zum Ziel erheblich verkürzt, und b) der Tandem-Gefechtskopf mit Hohlladung, der dynamische Schutzpanzerung problemlos durchschlägt. Dies traf zumindest bei den Kevlar- und Reaktivpanzerungen der ukrainischen T-64B/BW und der aus dem Westen gelieferten T-72M/M1 zu. Daher war das Ergebnis des Gefechts vorhersehbar: acht ukrainische Panzer und mehrere gepanzerte Fahrzeuge wurden zerstört. Auf Seiten der „Terminatoren" gab es keine Verluste oder schwere Schäden. Während des Anschlussgefechts meldete die ukrainische Seite einen Durchbruch russischer Einheiten, woraufhin ein ukrainischer Mi-8-Hubschrauber ins Kampfgebiet einflog, um den Verteidigern Feuerunterstützung aus der Luft zu leisten. Ein „Terminator" schoss den Hubschrauber ab.

# RADSCHÜTZENPANZER UND MANNSCHAFTSTRANSPORTWAGEN

Radschützenpamzer SPW 60PB und ein BMP 1 auf Ketten gemeinsam im Einsatz. Foto: Ralf Weinreich

Neben den Kampfpanzern und Kettenschützenpanzern sind Radschützenpanzer und gepanzerte Mannschaftstransportwagen (MTW) die häufigsten gepanzerten Kampffahrzeuge in den russischen Streitkräften. (Hinweis: Die Russen unterscheiden begrifflich nicht zwischen Radschützenpanzern und MTW. Die im deutschen Sprachbereich als Radschützenpanzer bezeichneten Fahrzeuge heißen im Russischen schlicht „gepanzerte Transporter" (*Bronjetransportjor*, BTR). Gepanzerte Mannschaftstransportwagen können sowohl als Ketten- als auch als Radfahrzeuge auftreten. Der Hauptunterschied zu Kettenschützenpanzern liegt in der schwächeren Bewaffnung; die Kampf- steht hinter der Transportaufgabe zurück. Hingegen werden Radschützenpanzer trotz ihrer im Vergleich zu Kettenschützenpanzern oft schwächeren Bewaffnung als Kampffahrzeuge angesehen; der Übergang zu den MTW ist fließend. Der Hauptzweck der Radschützenpanzer besteht darin, motorisierte Infanterie zum Gefechtsfeld zu bringen und ihr mit der auf dem Fahrzeug montierten Bewaffnung Feuerunterstützung zu leisten. Ebenso können die mot.-Schützen aus den Fahrzeugen heraus kämpfen. Radschützenpanzer und MTW werden des Weiteren zur Bergung von Verwundeten vom Gefechtsfeld sowie als Nachschubfahrzeuge für Munition, Verpflegung und andere Versorgungsgütern in der Frontzone eingesetzt. Dank ihrer hohen Geländegängigkeit, Beweglichkeit und Bewaffnung lassen sie sich ferner zu Aufklärungszwecken und als Sicherungs- und Begleitfahrzeuge nutzen.

Die ersten gepanzerten Fahrzeuge dieser Klasse in der UdSSR wurden in den späten 1930er-Jahren entwickelt, aber sie gingen nicht in Serie – vor allem, weil die Sowjets ihre Produktionskapazitäten auf Panzerkampfwagen (Kampfpanzer) konzentrierten. Während deutsche Panzergrenadiere in oder aus gepanzerten Halbkettenfahrzeugen kämpften – die Sd.Kfz 251 und 250 – besaßen sowjetische mot.-Schützen nichts Vergleichbares aus eigener Produktion. Sie waren auf Halbketten-Schützenpanzer aus US-amerikanischen Hilfslieferungen oder auf die zierlichen Vollketten-„Bren Carrier" aus britischen und kanadischen „Lend-Lease"-Hilfen angewiesen. Meist saßen sie jedoch auf Kampfpanzern auf und sprangen von diesen ab, wenn sie nah genug am Gegner waren. Deren Drehtürme boten nur eingeschränkt Deckung und Kampfpanzer ziehen meist feindliches Feuer auf sich. Daher wurden die aufgesessenen Rotarmisten oft von flankierendem MG- und Granatfeuer buchstäblich von den Panzern „gefegt" oder flogen mit diesen nach Volltreffern in die Luft. Erst Jahre nach Kriegsende, Ende der 1940er-, Anfang der 1950er-Jahre, machten sich die Sowjets an den Bau erster eigener Schützenpanzerwagen. So entwickelten das Automobilwerk Gorki (GAS) mit dem BTR-40 einen leichten und das Stalinwerk (SIS) mit dem BTR-153 einen mittelschweren Radschützenpanzer. Um die Baukosten des BTR-40 zu senken, erhielt er das Fahrgestell des geländegängigen Lkw GAS-63. Er wurde als leichter gepanzerter Mannschaftstransporter eingestuft und konnte 8 mot.-Schützen aufnehmen. Der mittelschwere BTR-152 auf Basis des Dreiachs-Lkw SIS-151 folgte dem BTR-40 in den frühen 1950er-Jahren. Neben der zweiköpfigen Besatzung nahm er bis zu 17 mot.-Schützen auf. BTR-40 und BTR-152 waren zuverlässige Fahrzeuge mit für ihre Zeit guter Panzerung und angemessener Bewaffnung. Sie konnten auf befestigten Straßen Geschwindigkeiten von bis zu 75 km/h erreichen, aber ihre Fähigkeit, Kampfpanzern in unwegsamem Gelände zu folgen, war eher begrenzt.

Daher erging an verschiedene sowjetische Konstruktionsbüros Mitte der 1950er-Jahre der Auftrag, die Geländegängigkeit von Radpanzern auf das Niveau von Kampfpanzern zu heben. Voraussetzung war die Überwindung von bis zu 2 m breiten Gräben. Des Weiteren legte man großen Wert auf Schwimmfähigkeit. Letzteres ergab sich aus einer Forderung der sowjetischen Militärführung. Deren Offensivstrategie sah vor, motorisierte Schützenverbände an die Spitze der vorrückenden Truppen zu stellen, um Wasserhindernisse im Sturm zu überwinden, Brückenköpfe zu bilden und damit die Überquerung der Gewässer durch schwere Panzerfahrzeuge und Artillerie auf Kriegsbrücken sicherzustellen.

Der im Automobilwerk Gorki entwickelte BTR-60P entsprach voll und ganz den Anforderungen des Militärs. Es handelte sich um ein vierachsiges Fahrzeug mit Motor und Getriebe im Heck. Neben Fahrer und Kommandant im Bug nahm der BTR-60P im Kampfraum bis zu 14 mot.-Schützen auf. Er erreichte auf befestigten Straßen Geschwindigkeiten von bis zu 80 km und im Wasser bis zu 10 km/h. Der BTR-60P verwendete in großem Umfang Bauteile und Baugruppen aus der Automobilproduktion, was die Herstellungskosten erheblich senkte.

Der BTR-60P bestimmte in vielerlei Hinsicht die Entwicklungslinie der klassischen sowjetischen/russischen Radschützenpanzer. Alle erhielten sie ein vierachsiges Fahrwerk mit Motor und Getriebe im Heck und waren bzw. sind schwimmfähig. Der BTR-60P verfügte über seitliche Luken, der BTR-60PA und der BTR-60PB erhielten Luken im Turmdach und kleine Luken an den Seiten. Das gleiche Konzept schien auch bei den Nachfolgern BTR-70, BTR-80 und BTR-82 auf. Das Auf- und Absitzen über die Dach- und Seitenluken – bedingt durch die Motor-/Getriebeeinheit im Heck – hatte im Gefecht jedoch gravierende Nachteile, denn die mot.-Schützen mussten sich zwangsläufig feindlichem Feuer aussetzen.

Tschechoslowakische und polnische Konstrukteure wollten mit den potenziellen Verlustraten sowjetischer mot.-Schützen nicht mithalten und verlegten in den späten 50er-Jahren bei ihrem vierachsigen OT-64 SKOT den Motor nach vorn, so dass die Soldaten das Fahrzeug durch Heckklappen verlassen und besteigen konnten – die Schwimmfähigkeit ging dadurch nicht verloren. Zudem war der Innenraum voll gepanzert.

Die in Russland neu entwickelten „Kurganez-25 und WPK-7829 „Bumerang" wichen von der bisherigen Philosophie ab. Ersterer nutzt das Kettenfahrgestell „Armata", Letzterer ein Einheits-Achtrad-Fahrgestell mit Motor/Getriebe vorn. Neben einem verbesserten Panzerschutz verfügen diese Fahrzeuge auch über eine leistungsfähige Zusatzpanzerung. Die Insassen verlassen die Fahrzeuge über eine Heckrampe oder eine in ihr eingebaute Tür. Hinzu kommen moderne funkelektronische Ausrüstung sowie beim „Bumerang" eine leistungsfähige Bewaffnung. Sollten sie von den russischen Streitkräften übernommen werden, werden sie mit Sicherheit zu deren zuverlässigsten Transport- und Kampffahrzeugen zählen.

# Gepanzerter Mannschaftstransportwagen „Kurganez-25“ (Objekt 693)

Der MTW „Kurganez-25“ unterscheidet sich vom Schützenpanzer „Kurganez-25“ (siehe S. 23) hauptsächlich durch seine schwächere Bewaffnung. Gemeinsam mit dem Spz ist er für die Verwendung bei schweren (Panzer-)Brigaden und mechanisierten Divisionen vorgesehen. Dort soll der MTW den gepanzerten Kettentransporter MT-LB (siehe S. 95) ersetzen, dessen Nutzungsende seit Längerem in Sicht ist.

Der MTW „Kurganez-25“ basiert auf der fortschrittlichen mittleren Kettenplattform, die als Grundlage für den Spz „Kurganez-25“ diente und auf der eine ganze Fahrzeugfamilie aufgebaut werden soll. Dies wird die Herstellungskosten erheblich senken, die Einrüstung moderner spezialisierter Ausrüstung ermöglichen sowie die Ausbildung des Personals vereinfachen.

Die Motor-Getriebe-Einheit befindet sich im vorderen Teil der Wanne, gefolgt vom Fahrerabteil mit Sitzen für Fahrer und Kommandant, während der mittlere und hintere Teil der Wanne das Truppen- bzw. Transportabteil bildet. Als Bewaffnung zur Selbstverteidigung dient lediglich ein fernbedientes 12,7-mm-Maschinengewehr „Kord“, das samt Munition in einer abgetrennten Waffenstation untergebracht ist – hauptsächlich, damit keine Pulvergase in den Innenraum gelangen. Diese Solo-Bewaffnung entspricht dem Zweck des Fahrzeugs als Versorger, ist aber der sonst üblichen Doppelbewaffnung aus einem schweren 14,5-mm-Maschinengewehr und einem 7,62-mm-Maschinengewehr an Feuerkraft deutlich unterlegen. Aus Kostengründen soll das

| Technische Angaben „Kurganez-25“ | |
|---|---|
| **Besatzung** | 3 + 8–12 |
| **Gefechtsgewicht, t** | unter 25 |
| **Bewaffnung** | 1 x 12,7 mm Maschinengewehr „Kord“ |
| **Kampfbeladung (Schuss)** | 500 |
| **Leistung, PS** | 800 |
| **Höchstgeschwindigkeit, km/h:** | |
| **auf befestigten Straßen** | 80 |
| **schwimmend** | bis zu 10 |
| **Fahrbereich, km** | 500–600 |

Gepanzerter Mannschaftstransportwagen „Kurganez-25“. Witaly W. Kusmin CC BY-SA 4.0

Gepanzerter Mannschaftstransportwagen „Kurganez-25“, Bugansicht.

Wie die anderen Fahrzeuge der „Kurganez-25“-Familie wird auch der MTW von einem Dieselmotor zu 800 PS angetrieben, womit er auf befestigten Straßen beachtliche 80 km/h erreicht. Zwei Strahlantriebe bringen ihn im Wasser auf 10 km/h.

Fahrzeug im Unterschied zum „Kurganez“-Spz kein aktives Abwehrsystem erhalten. Auch bei der Kommunikations-, Feuerleit- und Navigationsanlage wurden Abstriche gemacht, die Technik gewährleistet nichtsdestoweniger die vollständige Integration des Fahrzeugs in das übergeordnete automatisierte taktische Führungssystem.

Entsprechend dem Verwendungszweck des Fahrzeugs ist das Truppenabteil für die Aufnahme einer größeren Anzahl von Personen bzw. Fracht als beim Spz ausgelegt. Am Heck befindet sich eine hydraulisch betätigte Rampe, über die das Fahrzeug besetzt oder beladen werden kann. Eine zusätzliche Tür in der gepanzerten Rampe ermöglicht es der Besatzung, das Fahrzeug unter dem Panzerschutz der Wanne zu verlassen.

Ein gepanzerter Mannschaftstransporter „Kurganez-25“ demonstriert hier an einem Steilhang seine ausgezeichnete Geländegängigkeit.

Gepanzerter Mannschaftstransporter „Kurganez-25“, rechte Heckansicht.

# 16 Radschützenpanzer WPK-7829 „Bumerang“

Der WPK-7829 „Bumerang“ stellt eine vielversprechende Entwicklung auf der Grundlage der neuen universellen Radpanzer-Plattform „Bumerang“ dar. Die Arbeiten daran begannen im Herbst 2011; mehrere Vorserien-WPK-7829 rollten dann zur notorischen Parade am 9. Mai 2015 vor. Plänen zufolge sollte die Serienfertigung des Radschützenpanzers sowie anderer „Bumerang“-Familienmitglieder 2017 anlaufen und die Auslieferung an die Truppe 2019 beginnen. Aber wie es bei Bumerangs nun einmal so ist, nicht alle kehren beim Wurf in die Hände des Werfers zurück und manche landen weitab irgendwo in der Landschaft… Über eine Serienfertigung hat man bislang nichts weiter gehört. Man darf gespannt sein.

Die Konstruktion des WPK-7829 unterscheidet sich erheblich von allen früheren sowjetischen Radschützenpanzern. Die Motor-Getriebe-Einheit befindet

| Technische Angaben WPK-7829 „Bumerang“ | |
|---|---|
| **Besatzung** | 3 + 8–10 |
| **Gefechtsgewicht, t** | bis zu 20 |
| **Bewaffnung Spz (Kaliber), mm**<br>**Maschinenkanone**<br>**Maschinengewehr**<br>**PzAb-Lenkwaffe** | <br>1 x 30<br>1 x 7,62<br>„Kornet“ |
| **Kampfbeladung (Schuss):**<br>**Maschinenkanone**<br>**Maschinengewehr** | <br>500<br>2000 |
| **Leistung, PS** | bis zu 500 |
| **Fahrbereich, km** | etwa 600 |

sich steuerbords im Bug neben dem Fahrerabteil an Backbord. Der mittlere und hintere Teil der Wanne bildet das Truppenabteil nebst Kampfraum. Die Wanne besteht aus geschweißten Panzerstahlblechen. Die vorderen Platten zeigen starke, beschussabweisende Schrägungen; die Seitenplatten sind

Radschützenpanzer WPK-7829 „Bumerang“.

Radschützenpanzer WPK-7829 „Bumerang", Ansicht von links.

nahezu senkrecht. Die Heckplatte ist mit einer nach unten klappbaren Rampe ausgestattet, die den mot.-Schützen ein schnelles Auf- und Absitzen ermöglicht. Zudem bietet die Konstruktion den Soldaten einen gewissen Schutz und verringert die Verletzungs- und Verwundungsgefahr erheblich, wie sie bei den sowjetischen BTR mit Seiten- und Dachluken bestand.

Der Rumpf ist gegen das Eindringen von Wasser versiegelt und liefert den nötigen Auftrieb bei Schwimmfahrten. Ein Schwallblech am Bug verhindert das Überschwappen von Wasser beim Befahren von Gewässern. Das Kampf- und Truppenabteil weist ein relativ großes Volumen auf; hier finden 8 bis 10 mot.-Schützen Platz, deren Sitze aus Minenschutzgründen am Wannendach aufgehängt wurden. Ein aktives Abwehrsystem schützt die

Radschützenpanzer WPK-7829 „Bumerang", Heckansicht. Im Unterschied zu vorigen sowjetisch-russischen Radschützenpanzern befindet sich beim „Bumerang" der Motor im Bug und das Heck verfügt über eine Rampe zum schnelleren Auf- und Absitzen. Trotzdem ist das Fahrzeug schwimmfähig.

Insassen gegen Panzerfaust- und andere Panzerabwehr-Geschosse.

Die Bewaffnung des WPK-7829 entscheidet über seine Verwendung als MTW oder Schützenpanzer: Entweder ein solitäres 12,7-mm-Maschinengewehr in einer fernbedienbaren Waffenstation wie beim MTW „Kurganez" (siehe S. 75), oder ein vom Tulaer Unternehmen Kwpriborostroenija entwickeltes „Epocha"-Kampfmodul mit 30-mm-Maschinenkanone (500 Schuss) und 7,62-mm-Maschinengewehr PKTM (2000 Schuss) plus Maschinengranatwerfer und Panzerabwehr-Lenkrakete „Kornet". Letztere Ausführung wird auch als „Bumerang-PM" bezeichnet.

Alle Fahrzeuge der „Bumerang"-Familie sollen ein integriertes Kommunikations-, Navigations- und Feuerleitsystem erhalten, das dem Konzept der vernetzten Kampfführung voll entspricht. Die bordeigene Ausrüstung wird es den Fahrzeugbesatzungen ermöglichen, alle operativen und taktischen Daten in Echtzeit zu empfangen und mit anderen Fahrzeugen sowie Befehlstellen zu interagieren.

Medienberichten zufolge umfasst die „Bumerang"-Familie neben dem Schützenpanzer und dem MTW auch ein Führungsfahrzeug und ein Fahrzeug zur Elektronischen Kampfführung (Eloka) „Bumerang Infauna".

Diese Aufnahme eines WPK-7829 „Bumerang" zeigt, wie weit hinten sich der Kommandant (Turm) befindet sowie die massive Klappe der Fahrerluke. Der tote Winkel am Bug und an den Seiten ist beträchtlich.

# Radschützenpanzer BTR-70

Am 21. April 1972 führten die sowjetischen Streitkräfte den BTR-70 bei den Schützenregimentern der motorisierten Schützendivisionen ein. Dort löste er die BTR-60P/60PA/60PB ab bzw. ergänzte sie. Derzeit steht eine geringe Anzahl dieser Fahrzeuge noch immer bei den Streitkräften und den Truppen des Innenministeriums in Verwendung. Der BTR-70 basiert auf dem Prototyp des Radschützenpanzers GAS-50, der vom Konstruktionsbüro des Gorki-Automobilwerks entwickelt wurde. Wie die BTR-60P/PA/PB handelt es sich beim BTR-70 um einen vierachsigen Radschützenpanzer, der für die Beförderung einer Schützengruppe aufs Gefechtsfeld und dessen Feuerunterstützung konzipiert wurde. Die Auslegung mit Fahrer- und Kommandantenabteil vorn, Kampf- und Truppenabteil dahinter und Motor-Getriebe-Einheit im Heck entspricht den Vorgängern.

Fahrzeugkommandant und Fahrer beobachten außerhalb des Gefechtsfeldes durch zwei Windschutzscheiben, die mit Scheibenwischern und Heizungen ausgestattet. Im Gefecht verschließen Panzerklappen die Fenster. Der Kommandant beobachtet jetzt durch drei Winkelspiegel TNP-B und das Periskop TPKU-2Ba und der Fahrer durch

| Technische Angaben BTR-70 | |
|---|---|
| **Besatzung** | 3 + 7 |
| **Gefechtsgewicht, t** | 11,5–12,0 |
| **Abmessungen, mm:** | |
| **Länge** | 7535 |
| **Breite** | 2790 |
| **Höhe** | 2235 |
| **Bewaffnung (Kaliber), mm:** | |
| **Maschinengewehr** | 1 x 7,62; 1 x 14,5 |
| **Kampfbeladung (Schuss):** | 2000 x 7,62; 500 x 14,5 |
| **Leistung, PS:** | 2 x 120 |
| **Höchstgeschwindigkeit, km/h:** | |
| **auf befestigten Straßen** | 80 |
| **schwimmend** | 9–10 |
| **Fahrbereich, km** | 400–600 |

Radschützenpanzer BTR-70.

vier TNP-B. Im Wannendach befinden sich zwei Luken für den Ein- und Ausstieg der beiden. Die geschlossene und versiegelte Wanne besteht aus gewalzten Panzerstahlblechen, die an der Front eine Stärke von 8–10 mm aufweisen. Das Waffentürmchen ist ebenfalls eine Schweißkonstruktion mit 6 mm dicken Blechen an der Vorderseite. Im Vergleich zum BTR-60PB wurde die Höhe der Wanne und des gesamten Schützenpanzers um 185 mm verringert. Eine wichtige Neuerung der Wanne stellten die beiden Einstiegsluken zwischen dem zweiten und dritten Radpaar dar, damit die mot.-Schützen nicht mehr allein übers Dach auf- und absitzen und sich dadurch feindlichem Beschuss in besonderer Weise aussetzen mussten. Natürlich wurden die Dachluken beibehalten. Im Truppenabteil finden sechs voll ausgerüstete mot.-Schützen Platz. Sie sitzen mit dem Rücken zueinander, um mit ihren Sturmgewehren aus sechs seitlichen Schießluken wirken zu können. Auf jeder Seite befindet sich zudem ein Winkelspiegel TNP-B zur Beobachtung des Gefechtsfeldes aus dem Truppenabteil. Ein weiterer mot.-Schütze sitzt neben Fahrer und Kommandant und der Richtschütze für die Turmbewaffnung dahinter. Die vom BTR-60PB übernommene Turmbewaffnung besteht aus einem überschweren 14,5-mm-Maschinengewehr

**Radschützenpanzer BTR-70, linke Buganansicht. Die Turmbewaffnung besteht aus einem schweren 14,5-mm-MG und einem koaxialen 7,62-mm-MG.**

KPWT und einem 7,62-mm-Maschinengewehr PKT. Ein Prototyp des BTR-70 mit Maschinengranatwerfer AG-17 im Turm ging nicht in Serie.

Der BTR-70 erhielt eine stärkere Motorisierung als sein Vorgänger, nämlich zwei GAS-66-V8-Vergasermotoren zu je 120 PS. Der rechte Motor wirkt auf die erste und dritte Achse, der linke auf die zweite und vierte. Sie lassen sich einzeln vom Fahrwerk entkoppeln, so dass das Fahrzeug bei Ausfall eines Motors noch beweglich bleibt. Die beiden vorderen Achsen sind lenkbar, der Wendekreis beträgt 12,6 m. Der BTR-70 besitzt eine Drehstabfederung, die Räder haben geteilte Felgen und die Reifen sind schlauchlose Ultra-Niederdruckreifen 13.00 x 18'. Über eine Reifendruckregelanlage lässt sich der Reifendruck

Radschützenpanzer BTR-70 einer Luftlandeeinheit, Heckansicht.

an unterschiedliche Bodenverhältnisse anpassen. Auf befestigten Straßen erreicht der Radpanzer eine Höchstgeschwindigkeit von 80 km/h. Er überwindet Steigungen bis zu 30°, bis zu 0,6 m hohe senkrechte Hindernisse und 2 m breite Gräben. Ein zweistufiger Wasserstrahlantrieb verhilft ihm zu einer Geschwindigkeit von 9–10 km/h beim Schwimmen. Der Fahrbereich beträgt 12 Stunden oder 400 km in leichtem Gelände und bis zu 600 km auf befestigten Straßen.

Die Kampfeinsätze in Afghanistan brachten gravierende Mängel des BTR-70 ans Licht: Die Motoren überhitzten bei heißer Witterung schnell und konnten in der dünnen Bergluft nicht die erforderliche Leistung erbringen.

Der Höhenrichtbereich der Turm-Maschinengewehre reichte nicht aus, um Mudschaheddin an Berghängen zu bekämpfen, was diese schnell spitz bekamen.

Bei den Kämpfen in der Ukraine wurden Radschützenpanzer BTR-70 sowohl von russischen als auch – wie hier – von ukrainischen Truppen eingesetzt.

Der BTR-70 verfügt über ausgezeichnete Geländegängigkeit, die er auf diesem trockenen Feldweg aber nicht unter Beweis zu stellen braucht.

## Radschützenpanzer BTR-80

Das Hauptkampffahrzeug vieler russischer motorisierter Schützenbataillone ist der BTR-80. Jede motorisierte Schützenkompanie eines Bataillons verfügt über elf Fahrzeuge, das Bataillon insgesamt über 49.

Der BTR-80 wurde Anfang der 1980er-Jahre vom Konstruktionsbüro des Gorki-Automobilwerks entwickelt und 1986 bei der Sowjetarmee eingeführt. Die ersten Serienfahrzeuge erhielten ihre Feuertaufe in Afghanistan. Der Grundriss des BTR-80 entspricht dem des BTR-60P und des BTR-70 mit Fahrerabteil im Bug, Kampf-/Truppenabteil in der Mitte und Motor-Getriebe-Einheit im Heck. Die geschweißte Wanne besteht aus gewalzten Stahlpanzerplatten, die in großen Winkeln zur Vertikalen angeordnet sind. Sie schützt die Besatzung vor 7,62-mm-Geschossen, an der Stirnseite vor 12,7-mm-Geschossen. Neben dem Fahrer sitzt der Fahrzeugkommandant, dahinter die Sitze für einen mot.-Schützen und den Turm-Richtschützen. Die Turmbewaffnung aus einem 14,5-mm-MG KPWT und einem koaxialen 7,62-mm-MG PKT entspricht dem BTR-70. Die Maschinengewehre sind in einem konischen Drehturm untergebracht und haben einen Höhenrichtbereich von –4° bis +60°. Ein Suchscheinwerfer OU-SGA2M erleichtert das Nachtschießen. Eine Wurfanlage für Nebelwurfkörper 3D6 sitzt ebenfalls am Turm.

| Technische Angaben BTR-80 | |
|---|---|
| **Besatzung** | 3 + 7 |
| **Gefechtsgewicht, t** | 13,6 |
| **Abmessungen, mm:** | |
| **Länge** | 7700 |
| **Breite** | 2900 |
| **Höhe** | 2410 |
| **Bewaffnung (Kaliber), mm:** | |
| **Maschinengewehr** | 1 x 7,62; 1 x 14,5 |
| **Kampfbeladung (Schuss)** | |
| **Maschinengewehre** | 2000 x 7,62; 500 x 14,5 |
| **Leistung, PS** | 260 |
| **Höchstgeschwindigkeit, km/h:** | |
| **auf befestigten Straßen** | 80–90 |
| **schwimmend** | 10 |
| **Fahrbereich, km** | 600 |

Radschützenpanzer BTR-80 mit aufgesessenen mot.-Schützen.

Im Truppenabteil sitzen sechs voll ausgerüstete motorisierte Schützen mit dem Rücken zueinander, um mit ihren Sturmgewehren durch die sieben Schießluken in den Wannenseiten wirken zu können. Zwei Luken können Maschinengewehre aufnehmen.

Zusätzlich zu den beiden Ausstiegsluken im Wannendach erhielt der BTR-80 auf jeder Seite zwischen der zweiten und dritten Radachse eine zweiflügelige Tür zum beschleunigten Auf- und Absitzen. Ein Flügel schwenkt beim Öffnen nach der Seite, der andere Flügel nach unten und bildet eine Trittplatte.

Einen wichtiger Faktor zur Verbesserung der Überlebensfähigkeit auf dem Gefechtsfeld stellte der Einbau eines einzelnen wassergekühlten V8-Dieselmotors KaMAS-7403 anstelle der beiden brandgefährdeten Vergasermotoren dar. Bei 2600 Umdrehungen pro Minute entwickelt er eine Höchstleistung von 260 PS. Seit 1993 ist der BTR-80 mit dem JAMS-238M2-Motor ausgestattet, der 240 PS leistet. Das drehstabgefederte Achtrad-Fahrwerk ist über die beiden Vorderachsen lenkbar. Die Räder sind mit schlauchlosen Ultra-Niederdruckreifen ausgestattet und verfügen über eine zentrale Reifendruckregelanlage. Alles in allem verleiht das Fahrwerk dem BTR-80 eine Geländegängigkeit, die der von Kettenfahrzeugen kaum nachsteht. Dank des leistungsstarken Dieselmotors erreicht er auf befestigten Straßen eine Höchstgeschwindigkeit von 80–90 km/h. Im Gelände überwindet er Steigungen bis 30°, bis zu 0,5 m hohe senkrechte Hindernisse und 2 m breite Gräben. Der Wasserstrahlantrieb lässt ihn mit bis zu 10 km/h Gewässer durchschwimmen.

Im Einsatz erwies sich der BTR-80 trotz seiner schwachen Panzerung als hervorragendes Kampf- und Transportfahrzeug. Als Hauptnachteil wird genannt, dass die Soldaten das Fahrzeug nur durch die oberen und seitlichen Luken besteigen und verlassen können, was nicht immer ein sicheres

Auf- und Absitzen gestattete. In dieser Hinsicht wären Luken/Türen oder eine Rampe im Heck (hier nicht machbar) vorteilhafter. Zudem besteht der Wunsch, den Schutz gegen Hohlladungen durch Gitter zu verbessern.

Auf Fahrgestell des BTR-80 entstanden etwa zwei Dutzend Kampf- und Spezialfahrzeuge, darunter:

- der BTR-80K als Führungsfahrzeug (Bataillonskommandeur);
- die 120-mm-Selbstfahrlafette 2S23 „Nona-SWK";
- das Chemische Spürfahrzeug RXM-4 ;
- das gepanzerte Bergungsfahrzeug BREM-K ;
- weitere Befehls- und Kommandofahrzeuge;
- das Artillerieführungsfahrzeug 1B118 ;
- ein Satellitenkommunikations-Fahrzeug;
- die gepanzerten Sanitätsfahrzeuge BMM-1, BMM-2, BMM-3.

Radschützenpanzer BTR-80.

Im Unterschied zu seinen Vorgängern verfügt der BTR-80 über zwei seitliche Türen zum beschleunigten Auf- und Absitzen. Man beachte die unterschiedlichen Tarnmuster der Soldaten – sämtlich hochgewachsene Fallschirmjäger oder Marineinfanteristen.

BTR-80 der russischen Marineinfanterie bei der Wasserfahrt.

Gepanzertes Sanitätsfahrzeug BMM auf Fahrgestell BTR-80. Pressedienst AMS

Auf Fahrgestell BTR-80 entstanden etwa zwei Dutzend Kampf- und Spezialfahrzeuge, darunter dieses nicht näher bezeichnete Modell. Pressedienst AMS

Gepanzertes Berge- und Reparaturfahrzeug BREM-K auf Fahrgestell BTR-80. Pressedienst AMS

## Radschützenpanzer BTR-80A

Als Nachfolger des BTR-80 erhielten die motorisierten Schützenbrigaden den von der Maschinenfabrik OAO Arsamas gefertigten BTR-80A. Der Vertrag mit dem Verteidigungsministerium sah für die Jahre 2012–2014 die Lieferung von mehreren Hundert BTR-80A vor.

Der BTR-80A entspricht dem BTR-80 bis auf die neue Bewaffnung: Anstatt zweier Maschinengewehre erhielt er die scheitellafettierte 30-mm-Maschinenkanone 2A72 plus ein 7,62-mm-MG PKT als Kampfmodul BPSU-1 auf das Dach des Truppenabteils. Die Scheitellafette erlaubte wiederum die Vergrößerung des Mannschaftsraumes und schaffte vor allem das Problem der Belästigung durch die ohrenbetäubenden Schussgeräusche des überschweren MG und durch seine Pulvergase aus der Welt. Die 30-mm-Maschinenkanone 2A72 und das koaxial montierte PKT sind um 360° schwenkbar und haben einen Höhenrichtbereich von –5° bis +70°, wodurch sie neben Bodenzielen auch langsame Luftziele bekämpfen können. Sowohl Kanone als auch Maschinengewehr werden über Gurte aus Magazinen im Turm gespeist. Die Kanone besitzt eine

| Technische Angaben BTR-80A | |
|---|---|
| **Besatzung** | 3 + 7 |
| **Gefechtsgewicht, t** | 14,55 |
| **Abmessungen, mm:**<br>**Länge**<br>**Breite**<br>**Höhe** | <br>7700<br>2950<br>2800 |
| **Bewaffnung (Kaliber), mm:**<br>**Maschinenkanone**<br>**Maschinengewehr** | <br>30<br>7,62 |
| **Kampfbeladung (Schuss):**<br>**Maschinenkanone**<br>**Maschinengewehr** | <br>300<br>2000 |
| **Leistung, PS** | 260 |
| **Höchstgeschwindigkeit, km/h:**<br>**auf befestigten Straßen**<br>**schwimmend** | <br>80<br>9 |
| **Fahrbereich, km** | 600 |

Der Radschützenpanzer BTR-80A entspricht bis auf den Turm mit scheitellafettierter 30-mm-Maschinenkanone und dem vergrößerten Mannschaftsraum weitgehend seinem Vorgänger BTR-80.

Radschützenpanzer BTR-80A auf der grünen Wiese eines Truppenübungsplatzes. Pressedienst AMS

Radschützenpanzer BTR-80A in Fahrt, Frontansicht. Pressedienst AMS

Ein BTR-80A beim Richten seiner scheitellafettierten 30-mm-Maschinenkanone auf ein Flugziel. topwar.ru

Auch der BTR-80A kann alle Arten von Wasserhindernissen schwimmend überwinden; hier beim Anlanden. Man beachte den Schnorchel.

Doppelzuführung: ein Gurt enthält Sprenggeschosse und Sprenggeschosse mit Leuchtspur, der andere panzerbrechende Geschosse mit Leuchtspur. Die Umschaltung erfolgt blitzschnell und ermöglicht die rasche Bekämpfung unterschiedlicher Ziele – Infanterie, befestigte Stellungen, gepanzerte Fahrzeug, Hubschrauber usw. Die Kampfbeladung der Kanone beträgt 300 Schuss; die des Maschinengewehrs 2000 Schuss. Gerichtet wird über das Tagvisier 1P3-9 und das Nachtvisier TPN3 sowie weitere Einrichtungen. Die Einsatzschussweite der panzerbrechenden Granaten liegt bei etwa 2000 m, nachts bei etwa 800 m. Der Richtschütze kann die Feuergeschwindigkeit der Waffe auf seinem Bedienfeld regeln: klein (200 S/min) und groß (mindestens 330 S/min). Das Bedienfeld umfasst auch die Bedienelemente für das Nachladen, die Wahl der Zuführung und die Visiereinrichtungen. Der Einbau der leistungsstarken 30-mm-Kanone erhöhte die Feuerkraft des BTR-80A gegenüber seinen Vorgängern drastisch; sie entspricht der eines Kettenschützenpanzers. Nach Angaben des Herstellers ist die Wirkung der BPSU-1-Bewaffnung beim Beschuss von Bodenzielen 2,1 bis 2,4 mal höher als beim BTR-80, und bei der Abwehr von Hubschrauberangriffen konnten die Eigenverluste praktisch halbiert werden. Natürlich tragen auch die auf- und abgesessenen mot.-Schützen mit ihren Handwaffen und tragbaren Unterstützungswaffen (z. B. Panzerfäuste, Fliegerfäuste) nicht unwesentlich zur Kampfkraft des BTR-80A bei.

# Radschützenpanzer BTR-82 und BTR-82A

Das Maschinenbauwerk Arsamas in der gleichnamigen, rund 112 südlich Nischni Nowgorod gelegenen Stadt erhielt den Auftrag zur Modernisierung und Kampfwertsteigerung des BTR-80 bzw. BTR-80A. Heraus kamen der BTR-82 und der BTR-82A. Nach Ansicht von Experten wird die Ausrüstung der motorisierten Schützenbataillone der russischen Armee mit diesen gepanzerten Mannschaftstransportwagen mindestens die Gleichwertigkeit mit NATO-Verbänden gewährleisten, die mit Radschützenpanzern ausgerüstet sind. Die Hauptziele des Modernisierungsprogramms waren eine umfassende Verbesserung der taktischen und operativen Eigenschaften, der Feuerkraft, der Beweglichkeit, des Schutzes, der Führbarkeit sowie eine Steigerung der Zuverlässigkeit, der Produktions-, Betriebs- und Wartungsfähigkeit. Die Feuerkraft wurde durch den Einbau eines ferngesteuerten, elektrisch angetriebenen Kampfmoduls über dem Truppenabteil und einer digitalen Zwei-Ebenen-Waffenstabilisierung erhöht.

**Technische Angaben BTR-82 und BTR-82A**

| | BTR-82 | BTR-82A |
|---|---|---|
| **Besatzung** | 3 + 8 | 3 + 8 |
| **Gefechtsgewicht, t** | 14,5 | 14,4 |
| **Abmessungen, mm:** | | |
| **Länge** | 7650 | 7650 |
| **Breite** | 2950 | 2950 |
| **Höhe** | 2800 | 2800 |
| **Bewaffnung (Kaliber), mm:** | | |
| **Maschinenkanone** | 30 | – |
| **Maschinengewehr** | 7,62 | 1 x 7,62; 1 x 14,5 |
| **Kampfbeladung:** | | |
| **Maschinenkanone** | 300 | – |
| **Maschinengewehr** | 2000 | 2000 x 7,62; 500 x 14,5 |
| **Leistung, PS** | 300 | 300 |
| **Höchstgeschwindigkeit, km/h:** | | |
| **auf befestigten Straßen** | 80 | 80 |
| **schwimmend** | 10 | 10 |
| **Fahrbereich, km** | 600 | 600 |

Radschützenpanzer BTR-82A bei der notorischen Parade am 9. Mai 2015 in Moskau.

Radschützenpanzer BTR-82A, Heckansicht. Offensichtlich unmittelbar nach einer Wasserfahrt, denn das Schwallschild ist noch aufgeklappt, die Klappe für den Wasserstrahlantrieb noch offen und die Schnorchel noch ausgefahren.

Angelandeter Radschützenpanzer BTR-82A der russischen Marineinfanterie. Zwei Fahrzeuge befinden sich noch im Wasser. Man beachte die roten Rettungsringe auf den Türmen. eurasian-defence.ru

Die Version BTR-82 erhielt als Turmbewaffnung ein 14,5-mm-MG KPWT in Verbindung mit einem 7,62-mm-MG PKTM; die Ausführung BTR-82A hingegen die scheitellafettierte 30-mm-Maschinenkanone 2A72 plus 7,62-mm-MG PKTM. Die gesamte Bewaffnung ist gurtgespeist. Die Kampfbeladung der Kanone beträgt 300, des 14,5-mm-Maschinengewehrs 500 und des 7,62-mm-Maschinengewehrs 2000 Schuss. Bemerkenswerterweise wurde die Waffenanlage so konstruiert, dass sie auch andere Maschinenkanonen- und Maschinengewehr-Typen aufnehmen kann, selbst ausländische Modelle.

Das kombinierte Tag-/Nachtvisier TKN-4GA (TKN-4GA-02) des Richtschützen mit stabilisiertem Sichtfeld wurde installiert, um Aufklärungsfähigkeit und Treffgenauigkeit zu verbessern. All diese Maßnahmen haben die Schusseffizienz des BTR-82 (BTR-82A) im Vergleich zum BTR-80 (BTR-80A) um den Faktor 2 erhöht.

Der Innenraum der Wanne wurde mit einer Splitterschutz-Auskleidung aus modernen synthetischen Materialien wie Kevlar versehen, die – wie der Name verrät – die Besatzung vor Geschosssplittern oder abplatzenden Panzerungsteilen schützen soll. Die Wirkung von Minendetonationen schwächten eine neue energieabsorbierende Konstruktion des Wannenbodens und eine spezielle Federung der Sitze ab. Hinzu kam eine verbesserte Feuerlöschanlage, welche die Brand- und Explosionsgefahren deutlich mindert. Vom Hersteller nicht näher beschrieben wurde eine weitere Reihe von Maßnahmen zur Erhöhung der Überlebensfähigkeit um 20 %, welche Besatzung und Anlagen vor panzerbrechenden Kampfmitteln der Infanterie (Panzerfäuste) aus 100 m Entfernung sowie vor Sekundärschäden durch Splittern schützt, wenn die Hauptpanzerung durchschlagen wird. Diese Maßnahmen verbesserten auch die thermische und akustische Abschottung des Mannschaftsraums sowie die Ergonomie des Fahrzeuges an sich. Eine Klimaanlage erhöhte den Komfort der Besatzung und wirkt ihrer Ermüdung beim mot.-Marsch und im Gefechtseinsatz entgegen, insbesondere bei hohen Temperaturen. Auch die elektronischen Geräte und Instrumente profitieren davon.

Die Aufrüstung konzentrierte sich vor allem aber auf die Verbesserung der Widerstandsfähigkeit gegen feindliche Aufklärungsmaßnahmen, der Qualität der Funkausstattung sowie auf die Verbesserung der Führbarkeit mit Einbindung in ein einheitliches taktisches Führungssystem. So erhielten BTR-82 und BTR-82A das neue Funkgerät R-168-25-U2, die Naviagationsanlage TRONA-1 mit autonomen und satellitengestützten Kanälen und das kombinierte Kommandanten-Beobachtungs- und Wärmebildgerät TKN-AI. Das TKN-AI verfügt über einen aktiven Impulslaser und ermöglicht es dem Kommandanten, Feind bis auf 3 km Entfernung aufzuklären, Ziel-

Ein Radschützenpanzer BTR-82A demonstriert seine Geländegängigkeit. warfare.be

entfernungen genau zu messen und gegnerisches Infrarot festzustellen. Das topografische Leitsystem TRONA-1 dient zur Bestimmung der Koordinaten des Fahrzeugs und zur Anzeige seiner Position auf einer elektronischen Geländekarte. Es verfügt über autonome und satellitengestützte Kanäle. Das System zeigt automatisch die Entfernung zum (Marsch-) Ziel und Anlauf- und Orientierungspunkte auf der elektronischen Karte an; berechnet also automatisch die befohlene Marschstrecke.

Erstmals wurde beim BTR-82/82A ein autonomes 5-kW-Aggregat für die interne Stromversorgung in einen Radschützenpanzer installiert. Es erhöht die Lebensdauer des Hauptmotors, indem es dessen Arbeit bei längerem Halt – etwa in einer Abwehrstellung – übernimmt, die Batterien auflädt sowie die thermische und akustische Aufklärbarkeit des Fahrzeugs verringert. Sprich: der Motor kann abgeschaltet werden, ohne dass die interne Energieversorgung darunter leidet.

BTR-82A beim Schulschießen mit der 30-mm-Maschinenkanone 2A72.

BTR-82A feuert mit seinem 7,62-mm-Maschinengewehr PKTM.

Beide Versionen des Radschützenpanzers sind mit einem V-Dieselmotor KaMAS 740.14-300 ausgestattet, der 300 PS bei 2600 U/min leistet. Er sorgt für eine Straßen-Höchstgeschwindigkeit von 80 km/h. Die Fahrzeuge haben eine hohe Geländegängigkeit und können bis zu 0,5 m hohe senkrechte Hindernisse, bis zu 2,0 m breite Gräben und Steigungen bis zu 30° überwinden. Wasserhindernisse befahren sie mit bis zu bis zu 10 km/h.

Die modernisierte Ausführung BTR-82AT wurde erstmals auf dem Forum „Armee 2019“ vorgestellt. Er zeichnet sich durch ein erhöhtes Schutzniveau aus. Insbesondere wurde das Fahrzeug mit reaktiver Panzerung gegen Panzerfaustgranaten ausgestattet. Zusatzpanzerungen schützen es vor Beschuss mit großkalibrigen Maschinengewehren. Darüber hinaus verfügt der BTR-82AT über ein kombiniertes Zweikanal-Wärmebildgerät mit vertikaler Stabilisierung und Laserentfernungsmesser, mit dem das Fahrzeug auch bei Nacht effektiv eingesetzt werden kann. Abschussrohre für Panzerabwehr-Lenkraketen „Kornet“ erweiterten die Standardausrüstung.

BTR-82A mit aufgesessenen mot.-Schützen beim Einsatz in der Ukraine.

# Antisabotage- und Spähfahrzeug „Taifun-M“

Das Antisabotage- und Spähfahrzeug „Taifun-M“ stellt im eigentlichen Sinne kein Kampffahrzeug mit taktischen Aufgaben auf dem Gefechtsfeld dar. Es ist aber auf dem oben vorgestellten Radschützenpanzer BTR-82 aufgebaut, weshalb es an dieser Stelle vorgestellt werden soll.

"Taifun-M" gehört zu einer neuen Klasse gepanzerter russischer Fahrzeuge, die zum Schutz von Raketenbasen mit Siloabschussrampen und mobilen Raketenkomplexen bestimmt sind. Seit Ende der 1990er-Jahre wurde an der Entwicklung von Prototypen gearbeitet. Der damals auf dem Fahrgestell des BTR-80 konstruierte Prototyp „Taifun“ entsprach den Anforderungen des Kommandos der Strategischen Raketentruppen am besten, konnte aus verschiedenen Gründen aber nicht in Serie gehen.

Da die Wahrscheinlichkeit, dass feindliche Spezialeinheiten und Kommandotrupps Raketenkomplexe angreifen, in den vergangenen Jahren nicht sank, sondern um ein Vielfaches stieg, nahm die in Tula

| Technische Angaben „Taifun-M“ | |
|---|---|
| Besatzung | 3 + |
| Gefechtsgewicht, t | 14–15 |
| Abmessungen, mm: | |
| Länge | 7650 |
| Breite | 2950 |
| Höhe | 2800 |
| Bewaffnung | 1 x 7,62 mm Maschinengewehr PKTM |
| Kampfbeladung (Schuss) | 2000 |
| Leistung, PS | 300 |
| Höchstgeschwindigkeit, km/h: | |
| auf befestigten Straßen | 80 |
| schwimmend | 10 |
| Fahrbereich, km | 600 |

Das Antisabotage- und Spähfahrzeug „Taifun-M“ ist auf dem Radschützenpanzer BTR-82 aufgebaut und soll mit seiner umfangreichen Überwachungs- und Funkausrüstung vor allem Raketenstellungen gegen subversive Kräfte schützen.

Antisabotage- und Spähfahrzeug „Taifun-M“, rechte Frontansicht.

„Taifun-M“ mit geöffneter Seiteneinstiegsluke. Man beachte die Polsterung der Fahrerluke.

ansässige Forschungs- und Produktionsvereinigung „Strela" (Pfeil) 2007 die Arbeit wieder auf. Die Entwicklungsarbeiten fanden 2011 ihren Abschluss und ein Jahr später ging der Prototyp des Fahrzeugs mit der Bezeichnung „Taifun-M“ in die Erprobung. Offenbar waren die Vertreter der Strategischen Raketentruppen mit den Ergebnissen zufrieden, denn im August 2013 kündigte man den Beginn der Serienproduktion des „Taifun-M“ an. Gleichzeitig wurde über die Ausbildung der Besatzungen an den neuen Fahrzeugen nach deren Übergabe an die Truppe berichtet.

Der „Taifun-M“ verwendet das Fahrgestell des Radschützenpanzers BTR-82. Das umgerüstete Truppenabteil nimmt jetzt statt mot.-Schützen elektronische Überwachungs- und Kommunikationseinrichtungen sowie die Arbeitsplätze für den Fahrzeugkommandanten und den Gerätebediener auf. Aufgrund des relativ geringen Innenraum-Volumens brachte man einen Großteil der Ausrüstung in Behältern

Antisabotage- und Spähfahrzeug „Taifun-M“. Die eigentliche Besatzung besteht aus nur drei bis vier Mann, es finden jedoch noch zusätzliche Soldaten Platz.

am Wannenboden unter. Die Bewaffnung besteht lediglich aus einem fernbedienbaren 7,62-mm-Maschinengewehr PKTM mit 2000 Schuss auf dem Dach. Die schwache Bewaffnung des Fahrzeugs lässt sich dadurch erklären, dass es nicht zur direkten Bekämpfung subversiver Gruppen gedacht ist. Es soll diese nur aufzuspüren und den dann eingreifenden Sicherungstruppen und Kampffahrzeugen Ziele zuweisen. Die installierte Ausrüstung ermöglicht es dem Fahrzeug, diese Aufgaben in vollem Umfang zu erfüllen. Zur Ausrüstung gehören Beobachtungssysteme mit optischen und Fernsehkanälen sowie eine Radarstation. Einzelpersonen können bis auf 3 km und Fahrzeuge bis auf 6 km ausgemacht werden. Um weiter entfernte Objekte aufzuklären, steht der Besatzung überdies ein kleines unbemanntes Luftfahrzeug (Drohne) mit Überwachungsgeräten zur Verfügung. Optronische Signale werden auf LCD-Monitoren an den Arbeitsplätzen des Bedieners und des Fahrzeugkommandanten angezeigt. Auf der Grundlage der empfangenen Informationen entscheidet der Fahrzeugkommandant, ob und welche weiteren Maßnahmen zum Schutz der Raketensysteme zu ergreifen sind.

Zur Ausstattung des „Taifun-M“ zählt auch eine Aufklärungsdrohne.

# Gepanzerter Kettentransporter MT-LB

Artillerie- und motorisierte Schützeneinheiten der russischen Armee nutzen häufig das gepanzerte MT-LB (*Mnogozelewoi Tjagatsch Ljochki Bronirowanni,* leicht gepanzertes Mehrzweckzugmittel) als Zugmittel oder als Mannschaftstransportwagen (MTW), der nebst Fahrer und Kommandant weitere elf Soldaten aufnehmen kann. Der schwimmfähige Kettentransporter wurde 1964 von der sowjetischen Armee eingeführt und von den Traktorenwerken Charkow in Serie gebaut. Die Überholung und Modernisierung der beliebten Fahrzeuge lassen die russischen Streitkräfte bei der OAO Muromteplowos durchführen, was ihre Lebensdauer um mehr als 80 Prozent verlängert.

| Technische Angaben MT-LB | |
|---|---|
| **Besatzung** | 2 + 11 |
| **Gefechtsgewicht, t** | 9,7–12,2 |
| **Abmessungen, mm:** | |
| **Länge** | 6454 |
| **Breite** | 2850 |
| **Höhe** | 1920 |
| **Bewaffnung (Kaliber), mm:** | |
| **Maschinengewehr** | 1 x 7,62 |
| **Kampfbeladung (Schuss):** | 1000 |
| **Leistung, PS** | 240 |
| **Höchstgeschwindigkeit, km/h:** | |
| **auf befestigten Straßen** | 61,5 |
| **schwimmend** | 6 |
| **Fahrbereich, km** | 500 |

Das Getriebe des MT-LB befindet sich im Bug, dahinter der Fahrer auf der linken und der Kommandant auf der rechten Seite. Der Motor ist in der Mitte der Wanne angebracht mit einem Versatz zur Backbordseite und einem Zugang zwischen Motor und Steuerbordseite zum Truppenabteil im Heck. Zur Verringerung des Geräuschpegels im Fahrzeuginnern umgibt eine Lärmschutzwand den Motor. Die Wanne besteht aus geschweißten gewalzten Panzerplatten mit einer Stärke von etwa 10 mm. Die Panzerung kann die Besatzung nur gegen Handwaffengeschosse und Splitter schützen. Viele MT-LB verfügen über dem Kommandantensitz über ein konisches Drehtürmchen TKB-01 mit 7,62-mm-Maschinengewehr PKT. Fahrzeuge, die bei OAO Muromteplowoz aufgerüstet wurden, erhielten folgende Bewaffnungen:

- MT-LB WMK – 12,7-mm-Maschinengewehr „Kord" statt Turm TKB-01;
- MT-LB M1A7 – Turm über Truppenabteil mit 12,7-mm-MG „Kord", 7,62-mm-MG PKTM und 30-mm-Granatwerfer AG-17 (TKB-01-Turm ist demontiert);

Gepanzerter Kettentransporter MT-LB – ein bewährter Klassiker unter den russischen Militärfahrzeugen, den die damaligen sowjetischen Streitkräfte schon 1964 einführten.

Modernisierter Kettentransporter MT-LB der arktischen mot.-Schützenbrigaden. urasian-defence.ru

- MT-LB M1B2 – Rundturm über Truppenabteil mit 30-mm-MK 2A42, 7,62-mm-MG PKTM und 30-mm-Granatwerfer AG-17 (TKB-01-Turm ist demontiert).

In seiner Grundform kann das Fahrzeug 11 Soldaten oder 2500 kg Fracht aufnehmen, was sich bei den Ausführungen mit Turm über dem Truppenabteil auf 8 Mann verringert. Ein- und Ausstieg erfolgen über eine Doppelflügeltür in der Heckpanzerplatte und zwei Dachluken im Truppenabteil. Die Basisversion treibt ein flüssigkeitsgekühlter V8-Dieselmotor JaMS-238W zu 240 PS an. Der Motor verfügt über eine spezielle Heizvorrichtung zur Erwärmung der Kühlflüssigkeit und des Öls im Kurbelgehäuse. Die aufgerüsteten Fahrzeuge erhielten den Viertaktmotor JaMS-238BL-1 mit Turbolader und 310 PS, der ihnen eine höhere Geschwindigkeit verleiht. Das manuelle Schaltgetriebe arbeitet mit sechs Vorwärtsgängen und einem Rückwärtsgang. Der Lenkmechanismus bietet zwei feste Wenderadien in jedem Gang sowie fünf zusätzliche Verzögerungsstufen für die Vorwärtsfahrt und eine Beschleunigungsstufe für den Rückwärtsgang. Das drehstabgefederte Laufwerk weist auf jeder Seite sechs gummierte Laufrollen aus Aluminiumlegierung auf, Antriebsrad vorn, Leitrad hinten. Die Aufhängungen für die erste und letzte Laufrolle auf jeder Seite sind

Ausführung MT-LB M1B2 als Schützenpanzer mit Drehturm, 30-mm-Maschinenkanone, MG PKTM und 30-mm-Maschinengranatwerfer. Pressedienst OAO Muromteplowos

MT-LB M1B2, Ansicht von rechts. Pressedienst OAO Muromteplowos

Ausführung des MT-LB als gepanzertes Sanitätsfahrzeug.

MT-LB-Pionierpanzer UDSM mit Räumschild und Erdaushubgerät. Pressedienst OAO Muromteplowos

mit Wegbegrenzern und hydraulischen Teleskopstoßdämpfern ausgestattet. Die Kettenbreite beträgt 35 cm.

Eine Version des MT-LBW erhielt 56,5 cm breite (Austausch-)Ketten, um die Geländetauglichkeit auf Schnee und sumpfigem Untergrund zu erhöhen. Das MT-LB erreicht auf befestigten Straßen eine Höchstgeschwindigkeit von 61,5 km/h; im Gelände von bis zu 30 km/h. Es überwindet Steigungen bis 35°, 0,61 m hohe senkrechte Hindernisse und 2,41 m breite Gräben. Wasserhindernisse durchschwimmt der MTW mit 6 km/h; der Antrieb erfolgt durch die Ketten. Vor der Wasserfahrt werden am Unterfahrschutz an der Vorderseite hydrodynamische Klappen angebracht, das Schwallbrett wird hochgefahren und das Lüftungsrohr verlängert. Eingedrungenes Wasser pumpt eine Lenzpumpe ab.

Die aufgerüsteten Fahrzeuge sind mit den neuesten Funk-, Leit- und Kontrollsystemen ausgestattet und können nicht nur zum Transport von motorisierten Infanterieeinheiten und Fracht eingesetzt werden, sondern auch zur Aufklärung, zur Bekämpfung von Weichzielen und leicht gepanzerten Fahrzeugen sowie von tief fliegenden Luftzielen.

# Gepanzerter Mannschaftstransporter BTR-D

Der gepanzerte Mannschaftstransporter BTR-D ist das Arbeitspferd der russischen Luftlandetruppen. Er wurde vom Konstruktionsbüro des Wolgograder Traktorenwerks entwickelt und 1974 von der sowjetischen Armee übernommen. Der an Fallschirmen abwerfbare BTR-D dient in erster Linie dem Transport gelandeter Fallschirmjäger, war aber in der Konstruktionsphase für eine breite Palette von Aufgaben vorgesehen, von der Bergung Verwundeter vom Gefechtsfeld bis zur Bekämpfung gepanzerter Fahrzeuge und von Luftfahrzeugen. Er erhielt seine Feuertaufe in Afghanistan und wurde von russischen Fallschirmjägern bei friedenserhaltenden Missionen in Südossetien und Abchasien, Bosnien und im Kosowo eingesetzt. Eine beträchtliche Anzahl BTR-D und darauf basierender Fahrzeuge war auch an Kampfeinsätzen im Nordkaukasus beteiligt.

| Technische Angaben BTR-D | |
|---|---|
| **Besatzung** | 3 + 10 |
| **Gefechtsgewicht, t** | 8,0 |
| **Abmessungen, mm:**<br>**Länge**<br>**Breite**<br>**Höhe** | <br>5883<br>2630<br>2000 |
| **Bewaffnung (Kaliber), mm:**<br>**Maschinengewehr** | <br>2 x 7,62 |
| **Kampfbeladung (Schuss)** | 2000 |
| **Leistung, PS** | 240 |
| **Höchstgeschwindigkeit, km/h:**<br>**auf befestigten Straßen**<br>**schwimmend** | <br>62<br>10 |
| **Fahrbereich, km** | 500 |

Der Kettenschützenpanzer BMD-1 diente als Grundlage für die Konstruktion des BTR-D. Um die Produktion des BTR-D zu vereinfachen und seine

Jagdpanzer-Ausführung BTR-RD mit Abschussvorrichtung für Panzerabwehr-Lenkraketen 9K111 „Fagot“.

Einführung zu beschleunigen, wurden bei der Konstruktion weitgehend Teile und Baugruppen des BMD-1 verwendet. Die Einteilung wurde ebenfalls beibehalten: Motor-Getriebe-Einheit im Heck, Fahrabteil im Bug und Truppenabteil in der Mitte der rundum geschlossenen Wanne, zusammengeschweißt aus hochfesten Aluminium-Panzerplatten. Bei relativ geringem Gewicht schützt diese Panzerung die Besatzung vor Handwaffenbeschuss und Geschoss-Splittern. Im Vergleich zum BMD-1 wurde die Wanne des BTR-D um 483 mm verlängert.

Dem Fahrer in seiner Kabine in Längsachse der Wanne stehen drei austauschbare Winkelspiegel und ein Infrarot-Nachtsichtgerät zur Verfügung. Zu beiden Seiten des Fahrersitzes befinden sich Maschinengewehrschützen, deren 7,62-mm-MG PKT in der oberen Frontplatte montiert sind und deren Schießluken sich mit Panzerklappen verschließen

Der gepanzerte Mannschaftstransporter BTR-D gehört zur Ausrüstung der russischen Luftlandetruppen.

lassen. Es gibt auch eine Ausführung, die anstelle der Bug-Maschinengewehre einen Drehturm mit ferngesteuertem PKT-MG auf dem Wannendach erhielt, sowie eine Ausführung mit zwei 7,62-mm-MG PKM oder einem 30-mm-Maschinengranatwerfer AGS-17 „Plamja" (Flamme). Der Truppenraum bietet Platz für zehn voll ausgerüstete Fallschirmjäger, die über zwei Dachluken und eine große rechteckige Heckluke auf- und absitzen. Die Seitenwände im Bereich des Truppenraums sind leicht erhöht. Im oberen Bereich befinden sich zwei Kugelblenden je Seite, aus denen die Fallschirmjäger mit ihren Sturmgewehren wirken können. Eine weitere Schießluke befindet sich in der Hecktür. Über den Schießluken befinden sich Winkelspiegel.

Als Antriebsaggregat übernahm der BTR-D den flüssigkeitsgekühlten Sechszylinder-V-Dieselmotor 5D20 des BMD-1 mit 240 PS. Motor und Getriebe bilden eine Baugruppe. Das Laufwerk ist mit sechs

Draufsicht auf einen BTR-D vor einer Parade. Auch wenn`s eng wird: Die neun Fallschirmjäger im Kampfraum haben ihre Sprungausrüstung angelegt. Normalerweise finden im Kampfraum zehn Soldaten Platz.

BTR-D bereit für die Flugzeug-Verlastung und den Abwurf per Fallschirm. russianarms.ru

gummibereiften, einzeln aufgehängten Laufrollen je Seite und fünf Stützrollen ausgestattet; Antriebsrad hinten, Leitrad vorn. Über eine hydropneumatische Vorrichtung kann der Fahrer die Bodenfreiheit von 110 bis 450 mm regulieren sowie die Kettenspannung einstellen. Der BTR-D verwendet die Stahl-Scharnierketten des BMD-1. Auf befestigten Straßen erreicht er eine Spitzengeschwindigkeit von 62 km/h. Dank seiner guten Geländeeigenschaften meistert der BTR-D Steigungen von 32–35°, überklettert bis zu 0,7 m hohe senkrechte Hindernisse und überschreitet bis zu 2 m breite Gräben. Wasserhindernisse überwindet er mit bis zu 10 km/h, wozu ihm zwei Wasserstrahlantriebe verhelfen.

BTR-D als Träger einer Flugabwehrkanone SU-23-2. Man beachte die Schneehöhe! acemodel.com.ua

Die Funkausstattung besteht aus dem Funkgerät R-123M. Eine Nebelmittelwurfanlage mit vier Bechern für Nebelkerzen 902B bzw. thermischen Rauch zur Abwehr von Lenkflugkörpern dienen als passiver Schutz. Eine automatische Feuerlöschanlage und eine verbesserte ABC-Ausrüstung gehören zum Standard.

Eine Reihe von Kampf- und Unterstützungsfahrzeugen sind auf dem BTR-D aufgebaut, darunter:

- Artillerieführungsfahrzeug 1B119;
- Jagdpanzer BTR-RD mit PzAbw-Lenkraketen 9K111 „Fagot";
- Flugabwehrpanzer BTR-ZD mit Abschussvorrichtungen für Fla-Raketen;
- 120-mm-Selbstfahrlafette 2S9 „Nona-S";
- Führungsfahrzeug BTRD-KSM „Soroka" für die Regiments- und Brigadestäbe;
- Drohnenträger NPDU für „Ptschela"-Drohnen (Biene);
- Bergefahrzeug BREM-D.

BTR-D mit aufgebauter Flugabwehrkanone SU-23-2. scalemodels.ru

# Gepanzerter Mannschaftstransporter BTR-MDM „Rakuschka-M“

Als Nachfolger des BTR-D bei den russischen Luftlandetruppen schuf das Konstruktionsbüro von Kurganmaschsawod den BTR-MDM „Rakuschka-M“ (Kleine Muschel, Müschelchen). Das Fahrzeug wurde erstmals im September 2013 auf einer Ausstellung in Nischni Tagil vorgestellt und ging Anfang 2014 bei der in Tula liegenden 106. Garde-Luftlandedivision in die Erprobung. Vorserienmodelle nahmen an der pompösen Parade zum 9. Mai 2015 in Moskau teil. Nach Plänen des Verteidigungsministeriums sollten die Luftlandetruppen in nämlichem Jahr noch 30 Fahrzeuge erhalten. Weiters sollten bis 2025 an die 250 BTR-MDM verschiedener Ausführungen an die Luftlandeverbände gehen.

| Technische Angaben BTR-MDM | |
|---|---|
| Besatzung | 2 + 13 |
| Gefechtsgewicht, t | 2 x 7,62 mm |
| Kampfbeladung (Schuss) | 4000 |
| Leistung, PS | 500 |
| Höchstgeschwindigkeit, km/h: | |
| auf befestigten Straßen | 70 |
| schwimmend | 10 |
| Fahrbereich, km | 500 |

Der BTR-MDM basiert auf dem Luftlande-Schützenpanzer BMD-4M „Sadowniza“ (siehe S. 57) mit Motor und Getriebe im Heck, Truppenabteil in der Mitte und Fahrerabteil im Bug. Neben dem in der Längsachse des Fahrzeugs angeordneten Fahrersitz

Gepanzerte Mannschaftstransporter BTR-MDM „Rakuschka-M“ proben für eine Parade.

Und hier, fein herausgeputzt, auf der Parade.

befinden sich rechts der Richtschütze und links der Kommandant. Im Truppenabteil gibt es drei Reihen zu vier Sitzen. Die Besatzung sitzt über drei Luken im Bugabteil und eine große hintere Luke auf und ab. Die Wanne aus geschweißten Panzerplatten schützt vor Handfeuerwaffen und Splittern kleinkalibriger Granaten und Mörser. Mit vier Nebelwurfbechern an der Bugplatte kann sich das Fahrzeug feindlicher Sicht entziehen. Die Bewaffnung des MTW beschränkt sich in der Grundausführung auf zwei

Auch der gepanzerte Mannschaftstransporter BTR-MDM „Rakuschka-M" ist vor allem für Luftlandetruppen vorgesehen und ist auf dem Luftlande-Schützenpanzer BMD-4M aufgebaut.

BTR-MDM „Rakuschka-M“, linke Seitenansicht.

7,62-mm-Maschinengewehre PKTM mit entsprechenden Visiereinrichtungen – eines rechts in der Bugpanzerplatte, eines rundum schwenkbar und ferngesteuert über dem Sitz des Kommandanten. Die Kampfbeladung beträgt je 2000 Schuss.

Der Fahrer beobachtet über drei Winkelspiegel, wobei er den mittleren durch ein Nachtsichtgerät ersetzen kann. Moderne Funkausstattung und eine Feuerlöschanlage zählen ebenso zum Standard wie eine moderne digitale Steuerungs- und Überwachungsanlage. Diese automatisierte einige der zuvor vom Fahrer ausgeführten Tätigkeiten und verbesserte die Zuverlässigkeit der Antriebskomponenten.

Für den Antrieb sorgt ein flüssigkeitsgekühlter Viertakt-Vielstoff-Dieselmotor UTD-29 mit 500 PS. Das hydromechanische Viergang-Getriebe weist einen Zapfwellenantrieb für zwei Wasserstrahldüsen auf, auch die Hydraulikpumpe des Motors geht von ihm ab. Das Laufwerk mit feingliedriger Scharnierkette weist je Seite fünf Laufrollen mit Gasdruckstoßdämpfern und vier Stützrollen auf; Antriebsrad hinten, Leitrad vorn. Die Bodenfreiheit lässt sich dreistufig einstellen: Normalbetrieb (420 mm +/–20 mm), minimal (100 mm/–30 mm) und maximal (500 mm/+ 30 mm). Auf der Straße erreicht der BTR-MDM eine Höchstgeschwindigkeit von 70 km/h und bis zu 10 km/h Fahrt im Wasser. Er überwindet Steigungen bis 35°, bis zu 0,8 m hohe senkrechte Hindernisse und bis zu 1,5 m breite Gräben. Der Fahrbereich beträgt auf befestigten Straßen 500 km, im Gelände 350 km. Transportflugzeuge IL 76 und An-124 bringen ihn in die Luft. Zur BTR-MDM-Familie gehören die Sanitätspanzer BMM-D1, D2 (Sanitätszug des Bataillons mit OP-Ausrüstung) und D3 mit verlängertem Chassis.

Im Rahmen einer Winterkampfübung besetzen Fallschirmjäger ihren BTR-MDM „Rakuschka-M“.

# GESCHÜTZTE FAHRZEUGE

Im Vergleich zu Mannschaftstransportern auf Kampffahrzeug-Fahrgestellen bauen so genannte Geschützte Fahrzeuge hauptsächlich auf Fahrgestellen herkömmlicher Militär-Pkw und -Lkw auf, die einen Panzerschutz sowie Bewaffnung erhielten. Daraus entstand eine neue militärische Fahrzeugklasse mit Eigenentwicklungen. Denn schmerzvolle Erfahrungen zeigten auch den in militärischen Konfliktzonen (Afghanistan, Nordkaukasus) eingesetzten sowjetischen und russischen Truppen die Verwundbarkeit ungeschützter Fahrzeuge auf. Nicht selten erlitten ungepanzerte Transportkräfte schwere Verluste an Personal, Nachschub- und Transportgütern – vom Verlust der Fahrzeuge ganz zu schweigen. Oft versuchten die Besatzungen, ihre Fahrzeuge mit Sandsäcken, Stahlplatten, Holzschwellen und anderen improvisierten Mitteln vor möglichem Feindbeschuss zu schützen. Einige „panzerten" das Führerhaus, indem sie außen an den Türen Schutzwesten anbrachten.

Der gepanzerte Lkw Ural-4320 stellte eine der ersten „werkseitigen" Versuche dar, dieses Problem

Das leichte taktische Mehrzweckfahrzeug IVECO LMV (Light Multirole Vehicle) ist bei den russischen Streitkräften unter dem Namen „Rys" (Luchs) bekannt. Im Bild ein Exemplar der Tschechischen Armee. Foto: Ralf Weinreich

in den Griff zu bekommen. Man stattete ihn mit einer gepanzerten Motor-Getriebe-Einheit und einem gepanzerten Führerhaus mit kugelsicheren Fenstern aus. Die zu beförderten Personen und/oder Fracht brachte man in einem großen kastenartigen und gepanzerten Aufbau unter. Auf Grundlage der Erfahrungen mit dem gepanzerter Lkw entwickelte das Automobilwerk Ural (UAS) im Auftrag des Innenministeriums den geschützten Lkw Ural-WW mit gepanzertem Fahrer-Transport-Modul hinter einem gepanzerten Motor-Getriebe-Raum. Die Besatzung stieg über zwei seitliche und hintere Türen aus und ein. Dieses Modell stellte das erste russische geschützte Fahrzeug dar, das auch gegen Minen und Sprengfallen schützte, wobei die energieabsorbierenden Sitze im Truppen-/Frachtabteil an der Decke aufgehängt wurden.

Freilich machten sich nicht nur die Russen entsprechende Gedanken. Insbesondere die im Irak und in Afghanistan eingesetzten US- und NATO-Truppen wurden sich der Notwendigkeit ballistisch gegen Minen und Sprengfallen geschützter Fahrzeuge bewusst. Das US Marine Corps etwa ließ eiligst so genannte MRAP-Fahrzeuge – *Mine Resistant Ambush Protected,* d. h. Minen-geschützte und gegen Hinterhalte gewappnete Modelle – mit folgenden Konstruktionsmerkmalen entwickeln:

- Große Bodenfreiheit, um die Einwirkung der Explosionsenergie von Minen auf das Fahrzeug zu verringern;
- V- oder U-Form des Unterbodens, um die Druckwelle seitlich abzuleiten*;
- zusätzlicher Schutz für Motor, Aufhängung, Kraftstofftanks, Gerätekästen und Ersatzräder;
- Verwendung einer Mehrschicht-Panzerung (Verbundpanzerung) für den ballistischen Schutz;
- Ausstattung der Besatzungsabteile mit Dämpfungsplatten, energieabsorbierenden, an der Decke aufgehängten oder an den Wänden befestigten Sitzen.

Darüber hinaus verfügen viele MRAP-Fahrzeuge über Überdruckbelüftung, Klimaanlage sowie automatische Brandunterdrückungs- und Feuerlöschanlagen. Der leichte Überdruck im Fahrzeuginnern verhindert das Eindringen von giftigen oder radioaktiven Substanzen. Die von KaMAS und UAS neu entwickelten geschützten Transporter weisen ebenfalls die genannten Merkmale auf. Diese Unternehmen hatten aus eigenem Antrieb jeweils zwei Prototypen hergestellt und anschließend die Arbeiten im Rahmen der vom Verteidigungsministerium initiierten Entwicklungsprogramme „Taifun-K" und „Taifun-U" fortgesetzt. Bemerkenswerter Weise wurden Vertreter der Automobilwerke an der Ausarbeitung der taktisch-technischen Spezifikationen – sprich am Lastenheft – für die Entwicklung der Fahrzeuge führend beteiligt. KaMAS-Generaldirektor Kogogin: „Wir haben versucht sicherzustellen, dass die uns vom Verteidigungsministerium erteilten Aufträge Parameter enthielten, die dem heutigen Stand der NATO-Streitkräfte mindestens einen Schritt voraus sind." Die Dreiachser „Taifun-K" und „Taifun-U" wurden erfolgreich erprobt und den russischen Streitkräften zur Übernahme empfohlen. Sie sollen als Basis für weiter gepanzerte Ableger dienen, wie z. B. Führungs-, Stabs-, Funk- und Eloka-Fahrzeuge, Artillerie-Selbstfahrlafetten usw.

In diesem Zusammenhang sei darauf hingewiesen, dass Spezialverbände und leichte motorisierte Schützenbrigaden der russischen Streitkräfte auch leichtere geschützte Fahrzeuge mit ausreichend hohem ballistischen und Minenschutz verwenden, nämlich die Zweiachser „Tigr" (Tiger), „Rys" (Luchs), „Wolk" (Wolf) und „Medwed" (Bär). Im Russischen werden Geschützte Fahrzeuge schlicht als *Bronjeawtomobili* – Panzerwagen oder Panzerautos – bezeichnet.

* Diese Bodenform aus speziell behandeltem Panzerstahl wurde Anfang der 1980er-Jahre in Südafrika entwickelt, um Polizei- und Militärfahrzeuge vor Minen zu schützen. Klassische Vertreter waren u. a. die Rad-MTW „Casspir", „Wolf Turbo" sowie der Rad-Spz „Ratel", die sich im Buschkrieg bewährten. Insbesondere „Casspir" und „Wolf Turbo" machten sich als Arbeitspferde der schlagkräftigen Polizei-Antiterroreinheit „Koevoet" (Brechstange) einen Namen.

# Geschütztes Fahrzeug BPM-97 „Wistrel“

Im Auftrag des Föderalen Grenzschutzdienstes entwickelten das Forschungs- und Entwicklungszentrum KaMAS und das Forschungs- und Produktionszentrum für Sondermaschinenbau der Staatlichen Technischen Universität Bauman in Moskau 1997 ein gepanzertes Fahrzeug, das als Patrouillenfahrzeug an schwierigen Grenzabschnitten der Russischen Föderation eingesetzt werden sollte. Das Fahrzeug erhielt die Bezeichnung BMP-97 „Wistrel“ (Eigenname), wobei BPM für *Bronirowannaja Pogranitschnaja Maschina* – Gepanzertes Grenzschutz-Fahrzeug – steht. Seine Werksbezeichnung lautet KaMAS-43269.

| Technische Angaben BPM-97 „Wistrel“ | |
|---|---|
| Besatzung | 2 + 8 |
| Gefechtsgewicht, t | 10,5 |
| Abmessungen, mm | |
| Länge | 5300 |
| Breite | 2500 |
| Höhe | 2300 |
| Leistung, PS | 240 |
| Höchstgeschwindigkeit, km/h | 90 |
| Fahrbereich, km | 1100 |

Das BPM-97 ähnelt äußerlich im Aufbau den sowjetischen MTW BTR-40 und BTR-152, die auf der Grundlage von Serien-Lkw entwickelt wurden. Das BPM-97 basiert ebenfalls auf einem Lkw, nämlich dem allradgetriebenen Zweiachser KaMAS-4326, auf dessen Fahrgestell man den gepanzerten Aufbau der Firma Kurganmaschsawod setzte. Der Aufbau besteht aus gewalzten Panzerblechen unterschiedlicher Stärke. Die oberen Front- und Seitenplatten schützen die Besatzung vor großkalibrigen Maschinengewehren. Der Fahrzeugboden ist als keilförmiger Minenschutz ausgebildet, der die Stoßwelle nach den Seiten ableitet und ihre Wirkung stark abschwächt. Das BPM-97 unterteilt sich in ein Fahr- und ein Transportabteil. Motor und Getriebe sind im Bug untergebracht. Es gibt seitliche und hintere Türen sowie Dachluken für Fahrer, Kommandant und Besatzung. Als Bewaffnung gibt es mehrere Varianten, darunter der Standardturm des BTR-60PB/BTR-70 (siehe S. 80) mit 14,5-mm- und 7,62-mm-MG, Drehtürme mit Maschinengranatwerfer AGS-17 „Plamja“ oder 30-mm-Maschinenkanone 2A42 mit koaxialem 7,62-mm-MG. Hinzu kommt eine Nebelmittelwurfanlage 902W „Tutscha“. Die Kampfraumbesatzung kann durch Schießluken mit Handwaffen feuern.

Geschützte Fahrzeuge BPM-97 auf einer Parade. topwar.ru

Für den Antrieb sorgt ein 8-Zylinder-Turbodiesel KaMAS-740 10-20 mit einer Leistung von 240 PS. Das 4 x 4-Radfahrwerk bietet gute Geländeeigenschaften. Auf befestigten Straßen erreicht das Fahrzeug eine Höchstgeschwindigkeit von 90 km/h. Es überwindet Steigungen bis zu 30° und durchfurtet ohne Vorbereitungen bis zu 1,75 m tiefe Wasserhindernisse, ist aber nicht schwimmfähig. Die Serienproduktion der BPM-97 scheiterte zunächst an der Zahlungsunfähigkeit der Russischen Föderation. Im Jahr 2005 wurden Lieferverträge mit Kasachstan und Aserbaidschan unterzeichnet, die jedoch aufgrund von Fahrzeugmängeln wieder gekündigt wurden. Das russische Verteidigungsministerium kaufte die Fahrzeuge zurück. Danach gingen Kleinserien mit verschiedenen Modifikationen an Spezialverbände des Innenministeriums, an Strafvollzugsbehörden sowie andere Institutionen und ab 2013 an Anti-Sabotage-Einheiten der Strategischen Raketentruppen.

Das geschützte Fahrzeug BPM-97 „Wistrel“ wurde ursprünglich für den Grenzschutz entwickelt.

Als Bewaffnung für das geschützte Fahrzeug BMP-97 steht unter anderem eine ferngesteuerte Waffenstation mit 30-mm-Kanone und koaxialem 7,62-mm-MG zur Verfügung.

Geschütztes Fahrzeug BPM-97, Heckansicht.

Ein in der Ukraine außer Gefecht gesetzter BMP-97. Man beachte die Treffer im vorderen Teil.

Geschütztes Fahrzeug BPM-97 auf dem Marsch. topwar.ru

# Geschütztes Fahrzeug STS „Tigr“

Bis Dezember 2011 wurden mehr als 500 Zweiachser „Tigr“ (Tiger) in verschiedenen Modifikationen für das Verteidigungsministerium, das Innenministerium, den Föderalen Sicherheitsdienst und den Föderalen Wachdienst produziert. Etwa 170 Fahrzeuge waren zu diesem Zeitpunkt bereits bei den russischen Streitkräften zur Aufklärung und Überwachung, zum Personentransport, zur Begleitung und zum Schutz von Konvois, zum Patrouillieren in Spannungsgebieten und beim Objektschutz im Einsatz. Entwickelt wurde der „Tigr“ nicht in Russland, sondern von einer Konstrukteursgruppe des Unternehmens Military Engineering Centre Ltd der Bin Jabr Group Ltd in den Vereinigten Arabischen Emiraten in Zusammenarbeit mit der russischen Firma GAS. Die ersten Prototypen wurden auf den internationalen Rüstungsmessen IDEX-2001 (2001) und MIMS-2002 (2002) vorgestellt. Im Jahr 2002 wurden zwei Fahrzeuge mit der Bezeichnung GAS-233034 „Tigr“ zur Erprobung an die Moskauer SOBR (Spezialeinsatzkommando der russischen Nationalgarde) geliefert. SOBR und das übergeordnete Innenministerium zeigten sich vom Fahrzeug

| Technische Angaben STS „Tigr“ | |
|---|---|
| **Besatzung** | 1 + 8 |
| **Gefechtsgewicht, t** | 7,6 |
| **Nutzlast, t** | 1,2 |
| **Abmessungen, mm** | |
| **Länge** | 5700 |
| **Breite** | 2300 |
| **Höhe** | 2300 |
| **Leistung, PS** | 205 |
| **Höchstgeschwindigkeit, km/h** | 140 |
| **Fahrbereich, km** | 350 |

Geschütztes Fahrzeug „Tigr“ mit ferngesteuerter Waffenstation.

begeistert und das Ministerium unterzeichnete einen Vertrag mit der russischen Maschinenfabrik OAO Arsamas über die Lieferung einer Anzahl „Tigr". Die Armeeversion des Fahrzeugs firmierte unter GAS-233014 „Tigr" oder STS „Tigr" (STS = *Spezialnoje Transportnoe Sredstwo*, Sonderfahrzeug). Die ersten Serienfahrzeuge gingen an Spezialeinheiten des militärischen Nachrichtendienstes. Der allradgetriebene, zweiachsige „Tigr" weist ein Fahrgestell in Rahmenbauweise auf, das den größten Teil der Ausrüstung und des Aufbaus trägt. Am Rahmen sind neben der Wanne insbesondere aufgehängt: die unabhängige Doppelquerlenkung mit Drehstab, das Antriebsaggregat, zwei Achsen mit Differentialen, das Untersetzungsgetriebe sowie die Räder mit Spikes für das Fahren in schwierigem Gelände. Der einteilige Aufbau ist für die Aufnahme von 6 bis 9 Personen ausgelegt. Er besteht aus geschweißten wärmebehandelten 5-mm-Panzerblechen, was der russischen Schutzklasse III nach GOST R 50963 entspricht (einige Fahrzeuge erhielten Schutzklasse V). Die Karosserie hat drei Türen sowie Seiten- und Heckfenster mit Schießscharten für Handfeuerwaffen. Auf dem Dach ist eine zweiflügelige Luke mit Schwenklafette für einen Maschinengranatwerfer 30 mm und ein 12,7-mm-Maschinengewehr installiert. Die Größe der Luke erlaubt es zwei Soldaten, gleichzeitig in verschiedene Richtungen zu feuern. Im Innenraum befinden sich universelle Halterungen zur Aufnahme von Funkgeräten mit Netzanschlüssen. Entsprechende Antennenhalterungen befinden sich auf dem Dach. Ein interner Splitterschutz schützt die Insassen vor Sekundärfragmenten, die die Panzerung durchschlagen haben.

Für den Antrieb sorgt ein amerikanischer Sechszylinder-Turbodiesel Cummins B205 mit 205 PS. Auf befestigten Straßen beschleunigt er den „Tigr" auf bis zu 140 km/h. Er durchfurtet Gewässer bis zu 1,2 m Tiefe ohne Vorbereitung.

Die so hoffnungsvolle Beschaffung des „Tigr" erhielt im Dezember 2011 einen herben Dämpfer, als das Verteidigungsministerium bekannt gab, ab 2014 keine weiteren Fahrzeuge mehr beschaffen zu wollen. Der Grund lag in Beanstandungen, der „Tigr" biete der Besatzung keinen ausreichenden Schutz (obwohl der Hersteller das Fahrzeug vertragsgemäß mit der geforderten Schutzklasse ausgestattet hatte). Außerdem stieß den Herren die Verwendung eines importierten US-Motors sauer auf. Eine späte

Geschütztes Fahrzeug STS „Tigr" mit Maschinengranatwerfer und MG.

Geschütztes Fahrzeug „Tigr" mit 7,62-mm-Maschinengewehr auf dem Marsch.

Geschütztes Fahrzeug „Tigr" mit 12,7-mm-Maschinengewehr.

Soldaten einer Spezialeinheit üben das Vorgehen im Schutz eines „Tigr“.

Erkenntnis, die darauf schließen lässt, dass sich auch das russische Verteidigungsministerium dem Erkenntnis- und Entscheidungsniveau westlicher Pendants angeglichen hatte. In Folge erhielt der „Tigr“ einen russischen Dieselmotor JM35347-10, eine neue gepanzerte Motorhaube, eine Filter-/Belüftungseinheit sowie eine einteilige quadratische Dachluke mit Schwenkdeckel (statt der zweiflügeligen runden, die nach außen klappte). Außerdem erhielt es im Frontbereich Schutzklasse V und im Seiten- und Heckbereich Schutzklasse III; aus Kosten- und anderen Gründen mit importierten Bauteilen der italienischen Firma Iveco. Die Auslieferung dieses verbesserten „Tigr-M“ an Spezialverbände und einzelne motorisierte Schützenbrigaden begann 2013; insgesamt sollen sie 1500 Fahrzeuge erhalten haben.

Auf einer Parade begleitet ein „Tigr“ ein gewaltiges MZKT-79221 (16 x16) Transportfahrzeug beladen mit einer RS-24-Interkontinentalrakete. Witaly W. Kusmin CC BY-SA 4.0

# Geschütztes Fahrzeug „Rys“

Das geschützte Panzerfahrzeug „Rys“ (Luchs) wurde ab 2001 von der italienischen Firma Iveco Defence Vehicles (einer Tochtergesellschaft von Iveco) entwickelt. Zwei Prototypen gingen 2009 zu Versuchszwecken nach Russland. Ende 2010 gab das Verteidigungsministerium der Russischen Föderation die Übernahme des Iveco LMW M65 als „Rys“ in die Streitkräfte und die Bereitstellung von Finanzmitteln zur Beschaffung von 1775 Fahrzeugen im Zeitraum 2010–2016 bekannt. 2012 erschienen Serien-„Rys“ bei einer Parade auf dem Roten Platz erstmals in der Öffentlichkeit. Im Aufbau folgt der 4 x 4-„Rys“ prinzipiell seinem Vetter „Tigr“ mit Motor-/Getrieberaum vorn, gefolgt von Fahrer-, Mannschafts- und Frachtabteil.

Im Fahrerraum finden zwei Personen Platz, im Mannschaftsraum drei. Die Sitze sind quer zur Längsachse des Fahrzeugs angeordnet. Ein Merkmal des „Rys“ ist sein hohes Maß an Schutz für die Besatzung. Fahrer- und Mannschaftsraum sind vom Motor- und Frachtraum derart getrennt und abgeschottet, dass die Stoßwelle einer Minendetonation hauptsächlich den vorderen (Motor) und hinteren Teil (Frachtraum) in Mitleidenschaft zieht, der mittlere jedoch dank eines Druckwellen und Splitter ableitenden U-Profils weitgehend unbehelligt bleibt. Zudem absorbieren die elastisch aufgehängten Sitze Stöße. Der Rahmen besteht aus hochfesten Stahlrohren, an denen Scharnierpanzerplatten

| Technische Angaben „Rys“ | |
|---|---|
| **Besatzung** | 1 + 4 |
| **Gefechtsgewicht, t** | 6,5 |
| **Nutzlast, t** | 2,0 |
| **Abmessungen, mm** | |
| **Länge** | 5120 |
| **Breite** | 2200 |
| **Höhe** | 2050 |
| **Leistung, PS** | 185 |
| **Höchstgeschwindigkeit, km/h** | 130 |
| **Fahrbereich, km** | 500 |

Geschütztes Fahrzeug „Rys“.

Geschütztes Fahrzeug „Rys“, Frontansicht.

(Panzermodule) angebracht werden. Es handelt sich um eine relativ leichte Verbundpanzerung mit Stahlanteil, womit der „Rys" eine Gesamtmasse von 6500 kg nicht überschreitet. Die Verbundpanzerung widersteht nach vorliegenden Informationen dem Beschuss panzerbrechender Geschosse 7,62 x 54 mm. Bei einem Versuch beschossen russische Ballistikexperten das Fahrzeug aus verschiedenen Winkeln mit insgesamt 210 Schuss, ohne einen einzigen Durchschlag zu erreichen. Somit entspricht der Schutz des „Rys" der dritten NATO-Schutzstufe gem. STANAG 4569 (entspricht der Klasse VIa der russischen Norm GOST R 50963-96). Auf dem Dach lassen sich leichte Unterstützungswaffen installieren – ein Maschinengranatwerfer oder ein Maschinengewehr. Dort befindet sich auch eine große Luke. Das Fahrzeug besitzt allerdings keine Schießluken für Handwaffen.

Ein Iveco-Turbodiesel mit 185 PS und Automatikgetriebe verleiht dem „Rys" eine Höchstgeschwindigkeit von bis zu 130 km/h. Er überwindet bis zu 0,5 m hohe Mauern und durchfurtet bis zu 0,85 m tiefe Gewässer (mit Wat-Vorbereitung bis zu 1,5 m). Der Fahrbereich beträgt 500 km.

Im Januar 2013 kündigte das russische Verteidigungsministerium an, den Vertrag über die Beschaffung des „Rys" nicht zu verlängern. Der

Geschütztes Fahrzeug „Rys“, Ansicht von hinten rechts.

Diese Aufnahme zeigt die Anordnung der Sitzplätze im „Rys“.

damalige Oberbefehlshaber der Landstreitkräfte, Generaloberst W.W. Tschirkin, äußerte sich so: „Natürlich werden wir eine Verwendung für sie finden. Im Allgemeinen sind sie nicht schlecht, aber in Bezug auf ihre Kampfeigenschaften sind sie dem Fahrzeug »Tigr« eindeutig unterlegen." Wäre der Beschaffungsvertrag verlängert worden, hätte das 2014 von den NATO-Ländern über Russland verhängte Waffenembargo weitere Lieferungen des „Rys" ohnehin verhindert. Bei den vorhandenen Fahrzeugen gibt es Schwierigkeiten bei der Ersatzteilversorgung.

Geschütztes Fahrzeug „Rys" mit 12,7-mm-Maschinengewehr.

In Syrien fuhr dieser „Rys" auf eine Mine. Dank der Schutzausstattung des Fahrzeugs wurde die Besatzung nur leicht verletzt.

## Geschütztes Fahrzeug „Wolk"

Das geschützte Fahrzeug „Wolk" (Wolf) wurde vom „Zentrum für Militärtechnik" entwickelt. Drei Prototypen erschienen 2010 auf der Ausstellung „Technologien im Bereich Maschinenbau 2010" in Schukowski erstmals in der Öffentlichkeit. 2013–2014 fanden Erprobungen des Grundmodells WPK-3927 „Wolk" statt. Es dient anderen geschützten Fahrzeugen als Grundlage, die verschiedene Aufgaben bei Operationen zur Terrorismusbekämpfung übernehmen sollen. Sie lassen sich als MTW, als Begleitfahrzeuge für Konvois und als Patrouillenfahrzeuge in Spannungsgebieten verwenden und mit Granatwerfern, Panzerabwehr- und Flugabwehrraketen sowie Maschinengewehren bestücken. Das „Wolfsrudel" umfasst folgende Ausführungen:

- WPK 3927 „Wolk" – Grundmodell mit 4 x 4-Fahrgestell und zwei Optionen: mit oben offener oder geschlossener Wanne für den Personentransport;
- WPK-39271 „Wolk-1" – ausgestattet mit einem einteiligen geschützten Funktionsmodul;
- WPK-39272 „Wolk-2" – ausgestattet mit offenem Frachtmodul mit der Möglichkeit, geschützte Module zu installieren;
- WPK-39273 „Wolk-3" – 6 x 6-Fahrgestell mit Modul zum Personentransport (MTW);
- WPK-39274 „Wolk-4" – mit minengeschütztem 6 x 6-Fahrgestell.

| Technische Angaben „Wolk" | |
|---|---|
| **Besatzung** | 1 + 8–9 |
| **Gefechtsgewicht, t** | 7,5 |
| **Nutzlast, t** | 1,5 |
| **Abmessungen, mm** | |
| **Länge** | 5416 |
| **Breite** | 2500 |
| **Höhe** | 2100 |
| **Leistung, PS** | 240 |
| **Höchstgeschwindigkeit, km/h** | 120–130 |
| **Fahrbereich, km** | 1000 |

Geschütztes Fahrzeug WPK-3927 „Wolk", Frontansicht. uploads.ru

Die Entwicklung des „Wolk" berücksichtigte aktuelle Forderungen zum Schutz der Besatzung und zur Vielseitigkeit mit einem höchstmöglichen Grad an Vereinheitlichung zwischen den Fahrzeugen der Familie auf Grundlage eines modularen Konstruktionsprinzips.

Dies erfüllt im Wesentlichen ein Einheitsfahrgestell mit starrem Rahmenchassis und Antriebsmodul im Bug. Hinter dem Antriebsstrang sind ein geschütztes Führerhaus und ein funktionales Heckmodul installiert. Diese zweiteiligen Module lassen sich wahlweise durch ein einteiliges ersetzten. Besonderer Wert wurde auf den ballistischen Schutz gegen Beschuss und Minen gelegt. Das Rahmenkonzept ermöglicht den Anbau zusätzlicher Panzerungen ohne die Verwendung von Spezialwerkzeugen. Die Schutzfläche umfasst 85 % der Gesamtfläche mit Standard VIa gemäß GOST R 50963-96 (Schutzklasse 3 gemäß NATO-STANAG 4569). Zum Minenschutz wurde der Fahrzeugboden so geformt, dass er die Druckwelle abschwächt bzw. ableitet. Aus dem gleichen Grund besteht der Boden der Module aus zwei Schichten, und die an Seiten oder Decke befestigten Sitze sind mit einer zusätzlichen Stoßdämpfung ausgestattet. Die Kampfraumbesatzung beobachtet durch geschützte Panzerglasblöcke. Als Antrieb kam der damals

Dreiachsiger „Wolk" als Träger eines 120-mm-Geschützes „Nona-K" (Versuchsfahrzeug).

Geschütztes Fahrzeug „Wolk", hier das Grundmuster WPK-3927.

Geschütztes Fahrzeug WPK-3927 „Wolk", Heckansicht. airsoftgun.ru

neueste russische 4-Zylinder-Reihen-Dieselmotor JaMS-5347 mit Euro-Abgasnorm 4 zum Einbau, der über eine erhebliche Modernisierungsreserve verfügt. Seine Leistung lässt sich, je nach Fahrzeugmasse, auf bis zu 300 PS erhöhen. Hinzu kommen ein 5-Gang-Schaltgetriebe und ein 2-Gang-Verteilergetriebe. Dank einer regulierbaren Federung lässt sich die Bodenfreiheit von 250–550 mm ändern und selbst im Gelände eine Geschwindigkeit von 55–60 km/h erreichen. Die Wattiefe beträgt 1,5 m. Auf der Straße erreicht der „Wolk" Geschwindigkeiten von 120–130 km/h. Der „Wolk" ist mit einer elektronischen Steuerungs- und Überwachungsanlage ausgestattet, die 15 Parameter des Motors und 24 Parameter der Aufhängung/des Fahrwerks berücksichtigt.

Die dreiachsige Ausführung WPK-39273 „Wolk-3“ wurde für den Personentransport geschaffen.

## Geschütztes Fahrzeug „Medwed“

Geschütztes Fahrzeug SPM-3 „Medwed“.

Das geschützte Fahrzeug WPK-3924 „Medwed“ (Bär) wurde von der Abteilung für Radfahrzeuge der Staatlichen Bauman-Universität in Moskau in Zusammenarbeit mit dem Zentrum für Militärtechnik im Auftrag des Innenministeriums entwickelt. In der Entwurfsphase erhielt es die Bezeichnung SPM-3 (SPM = *Spezialnaja Polizeiskaja Maschina,* Polizei-Sonderfahrzeug). Der „Medwed“ ist als MTW, Aufklärungs- und Patrouillenfahrzeug in Krisenzonen, für die Begleitung von Konvois und die Feuerunterstützung von Polizeitruppen gedacht. Kommando- und Sanitätsfahrzeuge sollen folgen. Die Fahrer- und Truppenabteile sind als versiegelte geschützte Module, unten verstärkt durch Minenschutz, konzipiert; innen lassen sich zusätzliche Panzerplatten anbringen. Das Niveau des ballistischen und Minenschutzes hängt von den installierten Platten und Paneelen ab. Die gepanzerte Kapsel nimmt als Teil der Karosserie die Mitte und das Heck des

Dank seiner guten Geländeeigenschaften kann das geschützte Fahrzeug „Medwed" ohne Weiteres in bergigem Terrain operieren, auch wenn diese Gebirgsstraße noch keine Herausforderung darstellt.

| Technische Angaben „Medwed" | |
|---|---|
| Besatzung | 1 + 8–9 |
| Gefechtsgewicht, t | 12,8 |
| Nutzlast, t | 1,2 |
| Abmessungen, mm | |
| Länge | 6200 |
| Breite | 2500 |
| Höhe | 2600 |
| Leistung, PS | 312 |
| Höchstgeschwindigkeit, km/h | 110 |
| Fahrbereich, km | 1000 |

Fahrzeugs ein. Fahrer und Kommandant sitzen im Fahrerabteil mit Seitentüren zum Ein- und Aussteigen. Das Truppenabteil im hinteren Bereich bietet Platz für bis zu 10 Personen. Das Ein- und Aussteigen erfolgt durch Doppeltüren im Heck. Sichtfenster aus kugelsicherem Glas erleichtern die Beobachtung.

Die Panzerung an sich besteht aus zwei Schichten: die äußere aus hochfestem, relativ sprödem Stahl, die innere aus Stahl hoher Duktilität und Rissfestigkeit. Den Minenschutz gewährleistet ein V-förmiger Boden aus mehreren Stahlschichten. Die V-Form leitet die Druckwelle nach den Seiten ab, so dass sie am Fahrzeug nur minimale Schäden verursachen kann (hier standen wieder Buschkrieg-bewährte südafrikanische Fahrzeuge wie „Casspir" und „Wolf Turbo" Pate). Zum Schutz der Besatzung tragen eine relativ hohe Platzierung der Fahrer- und Truppenabteile bei. Nach verfügbaren Informationen entspricht

Geschütztes Fahrzeug SPM-3 „Medwed", linke Seitenansicht. en.wikipedia.ru

Geschütztes Fahrzeug SPM-3 „Medwed“, Ansicht von hinten rechts.

Anordnung der Sitze im Truppenabteil des gepanzerten Fahrzeugs SPM-3 „Medwed“. Man beachte die gepolsterte Decke.

der ballistische Schutz Klasse VIa GOST R 50963-96 oder Klasse 3 gemäß NATO-STANAG 4569; der Minenschutz Klasse 2a STANAG 4569. Alles in allem kann der „Bär“-Boden einer Detonation von 6 kg TNT standhalten. Das Fahrzeug verfügt über keine Standardbewaffnung, ist jedoch für den Einbau ferngesteuerter Waffen auf dem Dach des Truppenabteils eingerichtet (wahlweise MG, Maschinengranatwerfer oder Panzerabwehrraketen). Zur Beobachtung und Feuerleitung lassen sich Fernsehkameras, ein Laser-Entfernungsmesser, ein Bordrechner und ein Flüssigkristall-Farbmonitor einbauen. Die Prototypen fuhren mit dem 300-PS-Dieselmotor JaMS-7601 oder dem JaMS-536 mit 312 PS. Motor, Getriebe und Kühlanlage lassen sich einfach austauschen und warten, da sie auf einem separaten Rahmen montiert sind. Das Fahrwerk arbeitet mit einzeln aufgehängten, drehstabgefederten Rädern; optional mit hydraulischen Teleskopstoßdämpfern. Auf der Straße erreicht der „Medwed“ eine Höchstgeschwindigkeit von 110 km/h, im Gelände von 45 km/h. Zwei Kraftstofftanks mit einem Fassungsvermögen von 300 Litern gewähren einen Fahrbereich von 1000 km auf der Straße. Der „Medwed“ überwindet senkrechte Hindernisse und Gräben bis 0,5 m Höhe bzw. Breite.

# Geschütztes Fahrzeug K-4386 „Taifun-WDW"

Als Mitglied der „Taifun-K"-Familie geschützter Fahrzeuge (siehe S. 130) wurde der zweiachsige K-4386 „Taifun-WDW" vom *Sawod Spezialisirowannje Awtomobilisi* (Werk für Spezialfahrzeuge) nach Vorgaben des russischen Verteidigungsministeriums als bewaffnetes Unterstützungsfahrzeug für Luftlandetruppen (WDW) entwickelt. Besonderen Wert legte man daher auf die Verlastbarkeit mit Transportflugzeugen und die Abwurfmöglichkeit per Fallschirm. Der Vertrag mit dem Unternehmen wurde im November 2015 geschlossen, fünf Monate später ging der Prototyp in die Erprobung. Im Unterschied zu anderen geschützten Fahrzeugen baut der „Taifun-WDW" nicht auf einem Rahmen auf, sondern auf einer tragenden Panzerwanne, an deren Halterungen alle Einheiten montiert sind. Diese Konstruktion ermöglichte unter anderem eine deutliche Gewichtsreduzierung: der Luftlande-„Taifun" ist rund 2 t leichter als seine Pendants. Die Einteilung entspricht ansonsten dem herkömmlichen Muster mit Motor vorn, Fahrer- und Truppenabteil dahinter. Im Fahrerabteil sitzen Fahrer und Kommandant, im Truppenabteil 6–8 Fallschirmjäger. Fahrer und Kommandant steigen über die beiden Seitentüren ein und aus, die übrige Besatzung über eine Hecktür und notfalls über eine Dachluke. Die Kampfraum-Besatzung beobachtet über drei Panzerglasfenster je Seite und zwei Fenster im Heck. Die Panzerung bietet Schutz vor den meisten Handwaffengeschossen, kleinen Artilleriesplittern sowie vor Minen und Sprengfallen. Das Fahrzeug ist mit einem so genannten *Com-*

| Technische Angaben „Taifun-WDW" | |
|---|---|
| Besatzung | 3 + 7 |
| Gefechtsgewicht, t | 11,0 |
| Leistung, PS | 350 |
| Höchstgeschwindigkeit, km/h | 105 |
| Fahrbereich, km | 1200 |

K-4386 „Taifun-WDW" bereit für die Luftverlastung und das Absetzen am Fallschirm.

Das geschütztes Fahrzeug K-4386 „Taifun-WDW" wurde als bewaffnetes Unterstützungsfahrzeug für Luftlandetruppen entwickelt.

*bat Module Support Device* (Trägervorrichtung für Kampfmodule) ausgestattet, das sich vom Boden bis zur Decke des Mannschaftsraums erstreckt und zur Aufnahme der Dachbewaffnung dient; außerdem beherbergt es einen Bildschirm und ein Bedienfeld für das ferngesteuerte Kampfmodul (Drehturm), das beim „Taifun-WDW" eine 30-mm-Maschinenkanone und ein 7,62-mm-Maschinengewehr aufnimmt. Das MG ist dabei in einem separaten Gehäuse außen an der linken Seite des Drehturms eingerüstet. Das Kampfmodul ist ferner mit einer Nebelmittelwurfanlage und einer Optronikeinheit ausgestattet.

Geschütztes Fahrzeug „Taifun-WDW" mit ferngesteuerter Waffenstation, linke Seitenansicht.

Das Antriebsaggregat bildet ein 350 PS starker Dieselmotor. Das Fahrgestell ist zweiachsig und hat Allradantrieb. Die Vorderräder sind lenkbar. Das Fahrzeug verfügt über hervorragende Geländeeigenschaften und erreicht eine Straßen-Höchstgeschwindigkeit von bis zu 105 km/h. Der Fahrbereich beträgt 1200 km.

Auf Grundlage des „Taifun-WDW" sollen folgende Unterstützungsfahrzeuge entstehen:

- Ein gepanzertes Sanitätsfahrzeug zum Bergen von Verwundeten;
- ein Führungsfahrzeug;
- ein Trägerfahrzeug für das Panzerabwehr-Lenkwaffensystem „Kornet".

Gemäß Beschluss des russischen Verteidigungsministeriums sollen ferner Gebirgsaufklärungseinheiten mit gepanzerten Fahrzeugen des Typs K-53949

Geschütztes Fahrzeug K-4386
„Taifun-WDW“ mit ferngesteuerter Waffenstation.

ausgerüstet werden. An Gebirgstruppenteilen verfügen die russischen Streitkräfte über Gebirgsaufklärungskompanien bei einer Garde-Luftlandedivision, zwei selbstständige motorisierte Gebirgsbrigaden, zwei selbstständige Gebirgsregimenter und zwei selbstständige Gebirgsbataillone. Die neuen „Taifun" werden dort ältere Fahrzeuge ersetzen. Sie verfügen über eine ausreichende Beweglichkeit, um Gebirgsstraßen zu bewältigen und selbst in großer Höhe zu operieren; ihren Besatzungen bieten sie zudem einen guten Schutz. Die Möglichkeit zur Verwendung unterschiedlicher Kampfmodule erweitert darüber hinaus die taktischen Möglichkeiten.

Das geschützte Fahrzeug „Taifun-WDW“ kommt auch im Gelände gut zurecht.

# Geschützter Lkw Ural-4320-31

Den gepanzerten 6 x 6-Lkw Ural-4320-31 setzten Verbände des russischen Innenministeriums in Spannungsgebieten zum Personal- und Frachttransport ein. Überdies dient das Fahrzeug als Zugmittel für Geschütze und verschiedene Anhänger. Im Unterschied zum üblichen Ural-4320 erhielt er ein gepanzertes Führerhaus, das Motor und Besatzung vor Handwaffengeschossen und Granatsplittern schützt. Das Motor-Getriebe-Abteil im Bug erhielt eine zusätzliche „Maske" aus Stahlblech, während Motorhaube und Seiten aus Panzerplatten bestehen. Batteriekasten und Tank sind ebenfalls mit Panzerschutz versehen. Das Führerhaus ist ein gepanzertes Modul mit kugelsicheren Fenstern und Schießluken für Handwaffen. Die gepanzerten Türen sind mit hochbelastbaren Verriegelungen versehen. Auf dem Dach befindet sich eine Luke, vor der sich ein Maschinengewehr aufbauen lässt. Falls der Lkw Personen transportiert, nimmt deren Einheits- oder Teileinheitsführer im beheizbaren Führerhaus Platz. Zwischen den beiden Sitzen befinden sich ein Stauraum für Nachtsichtgeräte und ABC-Ausrüstung sowie das Funkgerät; unter dem Dach eine Filter-

| Technische Angaben Ural-4320-31 | |
|---|---|
| **Besatzung** | 1 + 15–20 |
| **Gewicht, t** | 15,2 |
| **Nutzlast, t** | 6,8 |
| **Abmessungen, mm** | |
| **Länge** | 7588 |
| **Breite** | 2500 |
| **Höhe** | 2805 |
| **Leistung, PS** | 240 |
| **Höchstgeschwindigkeit, km/h** | 85 |
| **Fahrbereich, km** | 1000 |

und Belüftungsanlage. Das Fracht- oder Personenabteil für 15–20 Personen oder 6,8 t Fracht besteht aus geschweißten Panzerstahlblechen mit kugelsicheren Fenstern mit Schlitzen. Die Personen sitzen auf Holzbänken; der Zugang erfolgt über Türen in der Heckpanzerplatte. Die Karosserie ist mit einer Haube ausgestattet, die eine gewisse Tarnung gegen elektronische Aufklärung bietet. Der Minenschutz ist in erster Linie durch die Konstruktion des Basisfahrzeugs Ural-4320 vorgegeben. Die Explosionsenergie wird vor allem durch den Motor-Getriebe-Raum über den Vorderrädern absorbiert. Die hohe Boden-

Der 6 x 6-Lkw Ural-4320 bildete das Grundmuster für den Bau des geschützten Modells Ural-4320-31. Pressedienst Uralmaschsawod

freiheit von 400 mm mindert deren Auswirkungen auf die übrigen Fahrzeugteile.

Angetrieben wird der 6 x 6-Lkw von einem 240 PS starken JaMS-238M-Dieselmotor. Das Getriebe besteht aus einem Schaltgetriebe und einem sperr- und untersetzbaren Zweigang-Verteilergetriebe. Sperrdifferenziale befinden sich auch an Mittel- und Hinterachse. Die Radaufhängung ist eine Einzelradaufhängung mit zwei längs verlaufenden, halbelliptischen Blattfedern in Verbindung mit doppelt wirkenden hydraulischen Teleskopstoßdämpfern. Über eine Regelanlage lässt sich der Reifendruck während der Fahrt verändern. Das Fahrzeug erreicht mit bis zu 85 km/h eine relativ hohe Geschwindigkeit und besitzt eine ausgezeichnete Geländegängigkeit. Es überschreitet bis zu 2 m breite Gräben und durchwatet bis zu 1,5 m tiefe Gewässer.

Eine der Optionen ist der Ural-4320 „Swesda-W“. wheelsage.org

Geschützter Lkw Ural-4320-31, Bugansicht von links. sfw.so

# Geschützter Lkw Ural-WW

Der gepanzerte 6 x 6-Lkw Ural-WW (Werksbezeichnung Ural-4320 WW) stellt eine weitere geschützte Ausführung des Standard-Lkw Ural-4320 dar. Er wurde von Uralmaschsawod nach dem Lastenheft der Hauptabteilung der Inneren Truppen entwickelt und erstmals 2013 auf der Rüstungsmesse in Nischni Tagil vorgestellt. Ein erstes Los von acht Produktionsfahrzeugen wurde im Juli 2014 an den Kunden übergeben. Die offizielle Indienststellung des Ural-WW erfolgte Anfang 2015 bei einer auf der Krim stationierten Aufklärungseinheit der Inneren Truppen.

Der Ural-WW bildet das Grundmuster einer noch im Entstehen begriffenen Familie geschützter Lkw mit unterschiedlichen Radkonfigurationen, die vor allem den Strafverfolgungsbehörden dienen soll.

Der Ural-WW wurde auf Grundlage des 6 x 6-Lkw Ural-4320 entwickelt. Diese Wahl war insbesondere auf den Umstand zurückzuführen, dass etwa 2000 Ural-Lkw in verschiedenen Modifikationen bei den Inneren Truppen in Verwendung standen bzw. stehen. So bedurfte es keiner gesonderten Ausbildung oder Umschulung insbesondere des technischen Personals bei Wartung und Instandsetzung.

| Technische Angaben Ural-WW | |
|---|---|
| Besatzung | 1 + 15–16 |
| Gewicht, t | 17,3 |
| Nutzlast, t | 3,0 |
| Abmessungen, mm | |
| Länge | 8500 |
| Breite | 2550 |
| Höhe | 3100 |
| Leistung, PS | 270 |
| Höchstgeschwindigkeit, km/h | 85 |
| Fahrbereich, km | 1100 |

Gemäß Lastenheft wurden Führerhaus und Truppen-/Frachtabteil als einheitliches gepanzertes Modul gestaltet. Motor und Getriebe befinden sich im Bug, dahinter das Fahrerabteil mit Sitzen für Fahrer und Kommandant; hinter ihnen die Sitze für bis zu 15 Personen. Da der Ural-WW in erster Linie für den Fracht- und Personentransport in Spannungsgebie-

Geschützter Lkw Ural-WW.

ten vorgesehen ist, erhielt er einen ausreichenden ballistischen Schutz. Das Panzermodul aus Stahlplatten unterschiedlicher Stärke schützt die Besatzung vor Handwaffengeschossen und Splittern. Die vorderen Teile sind in Schutzklasse VI gemäß GOST R 50963-96, die Seitenteile in Schutzklasse V und der Motor-Getriebe-Raum in Schutzklasse III ausgeführt. Ein schnelles Auf- und Absitzen gewähren eine Doppeltür im Heck sowie Seitentüren im Fahrerabteil und in der rechten Seitenpanzerplatte. Im Dach des Moduls sind große Luken angebracht. Die nach außen öffnenden Türen bieten den Soldaten beim Auf- und Absitzen einen zusätzlichen Schutz. Das Dach weist zwei Luken auf. Der Minenschutz widersteht der Detonationskraft von bis zu 2 kg TNT; darüber hinaus wurden die Sitze im Truppenabteil an der Decke aufgehängt. Motor und Getriebe erhielten einen zusätzlichen Splitterschutz.

Das Fahrzeug verfügt über keine Standardbewaffnung, aber die Soldaten/Polizisten können bei Bedarf durch die in die kugelsicheren Fenster eingebauten Schlitze schießen. Eine Klimaanlage, eine Heizung und andere Einrichtungen sollen den Insassen einen gewissen Komfort bieten und ihre Einsatzfähigkeit gewährleisten.

Ein bis zu 270 PS leistender JaMS-6565 (JaMS-536) verleiht dem Ural-WW eine Höchstgeschwindigkeit von 85 km/h. Die Kraftübertragung erfolgt über ein Schaltgetriebe und ein sperr- und untersetzbares Zweigang-Verteilergetriebe. Auch die Geländegängigkeit entspricht dem Ural-4320-31 (siehe oben).

Geschützter Lkw Ural-WW, Bugansicht von links. livejournal.com

Der geschützte Lkw Ural-WW besticht durch seine hohe Geländegängigkeit.

Der Ural-WW steht unter anderem bei den Einheiten der russischen Garde („Rosgwardija", siehe Aufschrift) in Verwendung.

Soldaten der Nationalgarde mit Ural-WW bei einer Übung.

## Geschützter Lkw „Tornado-U"

Seinen ersten öffentlichen Auftritt erlebte der geschützte, von Uralmaschsawod entwickelte 6 x 6-Lkw Ural-63704-0010 „Tornado-U" auf dem Militär- und Technikforum „Armija-2015" in Kubinka. Das Fahrzeug ist für den Güter- und Personentransport in Spannungs- und Kriegsgebieten bestimmt. Auf seinem Fahrgestell lassen sich Zugmaschinen für Geschütze und Anhänger, mobile Feldwerkwerkstätten, Mehrfachraketenwerfer usw. aufbauen. Insofern ist es sowohl für die Streitkräfte als auch für die Truppen des Innenministeriums und andere Sicherheitskräfte der Russischen Föderation von Interesse. Der Chefkonstrukteur für militärische Ausrüstung von Uralmaschsawod, O. Jakupow, erklärte seinerzeit, dass „die Führung des Verteidigungsministeriums, einschließlich der Hauptabteilung für gepanzerte Fahrzeuge, dieses Modell sehr schätzt. Sie hat uns beauftragt, alle Vorschläge zu prüfen. Wir werden weitere Entwicklungsarbeiten und Erprobungen durchführen und dann den »Tornado-U« in Produktion nehmen."

Der „Tornado-U" basiert auf dem bewährten Fahrgestell des bei den russischen Streitkräften eingeführten schweren Lkw Ural-6370, der seit 2011

| Technische Angaben „Tornado-U" | |
|---|---|
| Besatzung | 1 |
| Gewicht, t | 30 |
| Nutzlast, t | 16 |
| Leistung, PS | 440 |
| Höchstgeschwindigkeit, km/h | 100 |
| Fahrbereich, km | 1000 |

Geschützter Lkw „Tornado-U", Frontansicht.

Geschützter Lkw „Tornado-U".

in Serie gebaut wird. Im Unterschied zu diesem erhielt der „Tornado-U“ jedoch eine gepanzerte Kabine (das Führerhaus umgibt ein Rahmen, der sich sowohl für einen ungepanzerten als auch einen gepanzerten Aufbau eignet). Gegenüber Hinterhalten und Sprengfallen bietet die gepanzerte Variante natürlich weitaus höhere Entkommens- und Überlebenschancen. Die auffälligsten äußeren Unterschiede betreffen die Türen/Fenster mit Schießluken sowie das Vorhandensein einer Abdeckung für die Windschutzscheibe. Zudem befindet sich auf dem Kabinendach eine runde Luke. Panzerplatten der Schutzklasse II schützen die Besatzung vor Kleinwaffengeschossen und auch vor Minendetonationen; die Installation von Elementen mit dynamischem Schutz ist vorgesehen. Das dreisitzige Führerhaus ist mit Klima-, Heiz- und Lüftungsanlagen ausgestattet. Ein Panzerschutz für die Ladefläche ist nicht vorgesehen; wohl aber ein Regenschutz in Gestalt einer wasserdichten Plane. Der 6-Zylinder-Reihen-Vielstoffdieselmotor leistet 440 PS; das Getriebe umfasst ein Schaltgetriebe sowie ein zweistufiges Verteilergetriebe. Die Antriebsachsen sind mit Mittel- und Untersetzungsgetrieben ausgestattet, die Mittel- und Hinterachse mit Differentialsperren. Die Federung besteht aus bewährten Blattfedern; gebremst wird über eine pneumatische Zweikreisbremsanlage. Auf der Straße erreicht der schwere Lkw eine Höchstgeschwindigkeit von 100 km/h. Im Gelände überwindet er etwa 0,6 m breite Gräben und durchwatet Gewässer bis zu 1,8 m Tiefe.

Die Erprobung des „Tornado-U“ fand unter anderem in den arktischen Regionen im Norden Russlands statt.

Weitere Erprobungen erfolgten in heißen, wüstenhaften Gegenden.

„Tornado-U“ als Zugmittel für Artilleriegeschütze.

# Geschützter Lkw „Taifun-K“

KaMAS-Konstrukteure arbeiteten bereits seit geraumer Zeit an der Entwicklung von Lkw mit verbessertem ballistischem und Minenschutz, als im Oktober 2010 der damalige Präsident der Russischen Föderation, Dmitri Anatoljewitsch Medwedjew, das Unternehmen besuchte. Man führte ihm Prototypen der Fahrzeuge vor. Sie machten nicht nur einen guten Eindruck auf das Staatsoberhaupt, sondern auch auf das Verteidigungsministerium, das KaMAS einen offiziellen Entwicklungsauftrag erteilte. Die Entwicklungsarbeiten vollzogen sich im Rahmen des Programms „Taifun-K“ (K = KaMAS), das die Entwicklung zweiter Typen vorsah: KaMAS-63969 mit Wannen- und KaMAS-63968 mit Rahmenaufbau. (Die Firma Uralmaschsawod arbeitete parallel an eigenen Entwürfen geschützter Lkw; siehe unten unter S. 136 „Taifun-U“. Das Antisabotage- und Spähfahrzeug „Taifun-M“, siehe S. 93, verwendet hingegen das Fahrgestell des Radschützenpanzers BTR-82).

KaMAS entwarf den geschützten „Taifun-K“ unter Verwendung der Fahrgestelle bzw. von Teilen der Lkw KaMAS-63969 und KaMAS-63968. 2013 stellte es zwei Prototypen vor und am 9. Mai 2014 rollten „Taifun-K“ erstmals auf dem Roten Platz in Moskau.

| Technische Angaben „Taifun-K“ | | |
|---|---|---|
| | KaMAS-63968 | KaMAS-63969 |
| Besatzung | 3 + 16 | 2 + 10 |
| Gewicht, t | 24 | k. A. |
| Abmessungen, mm: | | |
| Länge | 8990 | 8850 |
| Breite | 2550 | 2550 |
| Höhe | 2930 | 3100 |
| Leistung, PS | 450 | 450 |
| Höchstgeschwindigkeit, km/h | 105 | 105 |
| Fahrbereich, km | 1200 | 1200 |

Geschützter Lkw „Taifun-K“, Frontansicht von oben.

Im Dezember 2014 wurde ein erstes Los von 30 Fahrzeugen an Einheiten des südlichen Militärbezirks geliefert, dem im Januar 2015 eine zweite Charge von 20 „Taifun-K" folgte. Im Mai 2017 zählte der Bestand bereits 260 Stück.

6 x 6-Lkw „Taifun-K" sind für den Transport von Personen und Fracht in Krisen- und Kriegsgebieten vorgesehen. Sie lassen sich mit entsprechender Ausstattung außerdem als Führungs- und Stabsfahrzeuge, Funkkoffer sowie als Träger von Artilleriegeschützen und Flugabwehrraketen nutzen. Das Grundmuster KaMAS-63968 „Taifun-K" ist nach KaMAS-Schema mit Fahrerraum und Motorraum vorn und Funktionsmodul (Lademodul) dahinter aufgebaut. Der KaMAS-63969 „Taifun-K" mit tragender Karosserie kombiniert Fahrer- und Funktionsmodule. Die Fahrzeuge zeichnen sich durch hohen ballistischen und Minenschutz aus. Dafür sorgen eine Stahlpanzerung in Verbindung mit Keramik-Paneelen großer Härte und Dichte. Keramische Elemente zerstören effektiv Geschosskerne und verteilen die Auftreffenergie über den gesamten Modulkörper. Nach verfügbaren Informationen entspricht der ballistische Schutz der NATO-Schutzklasse 3 gemäß STANAG 4569; hält also 7,62-mm-Stahlkerngeschossen stand. Zum Schutz vor Hohlladungsgeschossen aus Panzerfäusten wurden spezielle Klappmatten entwickelt, die die Bildung des klassischen Hohlladungsstrahls verhindern (sollen). Die V-förmige Bodengestaltung des KaMAS-63968 weist die Druckwelle von Minen vom Aufbau ab. Abnehmbare Anti-Minen-Paletten sollen dazu kommen. Auch für den KaMAS-63969 ist ein Minenschutz vorgesehen. Die an den Seiten und am Dach aufgehängten Sitze verfügen überdies

Der geschützte Lkw „Taifun-K" in der Ausführung KaMAS-63968 mit Rahmenaufbau. ru.autowp.ru

Schützen besetzen einen KaMAS-63968 „Taifun-K" über die Heckrampe. warspot.ru

„Taifun-K“ bei der notorischen Parade am 9. Mai 2015 in Moskau. Pressedienst Verteidigungsministerium

über weitere Elemente wie Sicherheitsgurte und Kopfstützen, die die Insassen vor den Auswirkungen einer Minendetonation schützen. Berichten zufolge soll der „Taifun-K"-Bodendetonationen von bis zu 8 kg TNT standhalten können.

Zum Auf- und Absitzen verfügt der KaMAS-63968 über zwei Seitentüren im Führerhaus und eine Klapprampe im Heck. Notluken befinden sich im Dach des Funktionsmoduls. Der KaMAS-63969 hat eine Tür an Steuerbord, eine Heckrampe und Notluken im Dach. Auf dem Dach ist außerdem die Installation eines ferngesteuerten Kampfmoduls der Firma Elektromaschina vorgesehen, das Maschinengewehre verschiedener Kaliber oder einen Maschinengranatwerfer aufnimmt. Beide Typen treibt ein Dieselmotor KaMAS-740.354-450 mit 450 PS an. Das 6 x 6-Fahrgestell verwendet Räder mit großem Durchmesser (10.00-20) mit Profilreifen 16.00 R 20. Die hydropneumatische Federung trägt zu einem hohen Fahrkomfort bei und lässt sich den Gegebenheiten des Geländes anpassen.

Die geschützten Lkw verfügen außerdem über Bordüberwachungsanlagen GALS-D1M, die etwa Motorstörungen melden. Letztlich zeigen die Fahrzeuge eine hervorragende Geländegängigkeit; sie bewältigen Steigungen bis 30° und durchwaten Gewässer bis zu 1,75 m Tiefe. Die Straßen-Höchstgeschwindigkeit liegt bei 105 km/h.

Das Truppenabteil des „Taifun-K" bietet Platz für bis zu 14 Personen; Dachluken gibt es sechs.

Der „Taifun-K“ lässt sich unter anderem mit einem schweren 12,7-mm-Maschinengewehr bestücken.

Ausgebrannter „Taifun-K“ in der Ukraine.

# Geschützter Lkw „Taifun-U“

Der geschützte 6 x 6-Lkw „Taifun-U“ (U = Uralmaschsawod) wurde als Prototyp Ural-63095 führenden Beamten des russischen Verteidigungsministeriums im Juni 2011 „bei einer nicht offiziellen Vorführung neuer militärischer Ausrüstung“ vorgestellt. Die Entwicklung des Fahrzeugs erfolgte im Rahmen des vom Verteidigungsministerium finanzierten Entwicklungsprogramms „Taifun-U“.

Die Fertigung des „Taifun –U“ lief 2014 beim Automobilwerk Ural an; 2015 wurde der Typ von den russischen Streitkräften übernommen. Im Juli 2015 befanden sich 30 Fahrzeuge im Bestand des südlichen Militärbezirks. Wie der „Taifun-K“ soll auch der „Taifun-U“ verschiedene taktische Aufgaben übernehmen, Personen und Fracht transportieren sowie Geschütze und Anhänger auf allen Arten von Straßen und im Gelände ziehen. Auf seiner Grundlage sollen mehrere Dutzend Ableger für motorisierte Schützen-, Luftlande- und andere Verbände entstehen. Derzeit umfasst die „Taifun -U"-Reihe zwei gepanzerte Fahrzeuge: den Ural-63095 mit dreisitziger gepanzerter Fahrerkabine und einem getrennten Modul für 12 Personen, und den Ural-63099 mit gepanzertem Einheitsmodul.

| Technische Angaben „Taifun-U“ | |
|---|---|
| **Besatzung** | 2 + 12–16 |
| **Gewicht, t** | 24,5 |
| **Abmessungen, mm** | |
| **Länge** | 8470 |
| **Breite** | 2550 |
| **Höhe** | 3220 |
| **Leistung, PS** | 450 |
| **Höchstgeschwindigkeit, km/h** | 105 |
| **Fahrbereich, km** | 1400 |

Der Zugang zu Kabine und Funktionsmodul erfolgt über zwei Seitentüren und eine schwenkbare Heckrampe (oder eine eingebaute Rampentür). Im Dach befinden sich Ausstiegsluken.

Besonderen Wert legten die Konstrukteure des „Taifun-U“ auf den größtmöglichen Schutz vor

Der vom Automobilwerk Ural (Uralmaschsawod) gebaute geschützte Lkw „Taifun-U“.

Beschuss und Minen. Zwischen Motorraum, Fahrer- und Funktionsmodul befinden sich Panzerstahl- und Keramikplatten mit dem Schutzniveau von Kampffahrzeugen. Berichten zufolge entspricht die „Taifun-U"-Grundversion der Schutzklasse 3 gemäß NATO-STANAG 4569 und die Ausführung mit gepanzerter Kabine und Frachtmodul der Klasse 4 dieser Norm (Schutz vor panzerbrechenden 14,5-mm-Geschossen). Der Minenschutz entspricht mit seinem V-förmigen „Sandwichboden" weitgehend dem „Taifun-K" (siehe S. 130), wobei sich die Vorderräder, die Minen am häufigsten zünden, außerhalb des Rahmenprofils bewegen. Spezielle Antitrauma-Sitze mit fixierenden Kopfstützen und 5-Punkt-Gurten tun ein Übriges für die Insassen. Dank dieser Minenschutz-Lösungen verfügen die „Taifun"-Fahrzeuge über das zehnfache Schutzniveau eines Serien-Lkw. Es entspricht NATO-Schutzklasse 3 gemäß STANAG

„Taifun-U" bei einem Geländeparcours.

4569 (Detonation von 8 kg TNT unter dem Führerhaus). Ebenso wurden Schritte zur Verringerung der optischen und elektronischen Sichtbarkeit unternommen. Dazu gehören Beschichtungen aus „Cape"-Material, Tarnnetze und Anti-Radarmatten aus Gummigewebe. Zur Abschirmung der Wärmeab-

Geschützter Lkw „Taifun-U", Bugansicht von links.

ОТЕЧЕСТВЕННАЯ ВОЙНА
СССР
ПОБЕДА

„Taifun-U“ am 9. Mai 2015 in Moskau.

Kolonne „Taifun-U“ auf dem Marsch.

Zum schnellen Auf- und Absitzen dient eine Rampe im Heck des Fahrzeugs.

strahlung lässt sich die Abdeckung des Motorraums mit Luft „spülen“.

Für die „Taifun“-Fahrzeuge gibt es keine Standardbewaffnung, sie lassen sich jedoch mit fernbedienbaren Kampfmodulen ausstatten. Außerdem befinden sich Schießluken für Handwaffen in den Fenstern.

Als Antrieb erhielten sie einen neuen 6-Zylinder-Reihen-Vielstoffmotor mit Turbolader JaMS-5367 zu 450 PS. Hinzu kommen ein hydromechanisches Automatikgetriebe und ein zweistufiges manuelles Verteilergetriebe. Die 6 x 6-Einzelradaufhängung arbeitet pneumohydraulisch. Differenzialsperren und die Reifendruck-Regelanlage in Verbindung mit einem leistungsstarken Motor sorgen für eine hohe Geländegängigkeit. Die „Taifune“ durchwaten Wasserhindernisse bis zu 1,8 m Tiefe, erklettern Mauern bis zu 0,6 m Höhe und überschreiten Gräben bis zu 0,6 m Breite. Im Gelände erreichen sie Geschwindigkeiten bis zu 40–50 km/h und auf der Straße bis zu 105 km/h. Zwei 300-Liter-Kraftstofftanks garantieren einen Fahrbereich bis zu 1400 km. Eine Bordüberwachungsanlage meldet Unregelmäßigkeiten des Motors und der Fahrelemente.

„Taifun-U“ im Gelände.

# Geschützter Mehrzweck-Kettentransporter „Witjas"

Nun kommen wir zu Vehikeln ganz besonderer Art, die zur Ausstattung der 80. und der 200. motorisierten Schützenbrigade im hohen, schneereichen Norden Russlands gehören, nämlich den zweiteiligen Mehrzweck-Kettenfahrzeugen der „Witjas"-Familie (Recke; Degen). Sie verfügen über eine einzigartige Geländegängigkeit und Geschwindigkeit selbst in schwierigstem Terrain (Sumpf, tiefer Schnee, Bergland) und sind für Einsätze unter extremen Klimabedingungen (+40°C bis –50°C) geeignet. Die Gelehrten streiten sich darüber, ob die „Recken" trotz ihres wehrhaften Namens zu den geschützten Fahrzeugen gerechnet werden können, denn nur ihr Führerhaus ist gepanzert (bei zivilen Ausführungen ungepanzert). Aber dies trifft ja auch bei einigen geschützten Lkw zu, weshalb wir hier nicht kleinlich sein wollen.

Die „Witjas"-Familie umfasst zum einen die schwimmfähigen Transporter DT-10P, DT-20P und DT-30P mit einer Tragfähigkeit von 10, 20 bzw. 30 t; zum anderen die nicht schwimmfähigen DT-10, DT-20 und DT-30 gleicher Transportkapazität.

Die Entwicklung der aus zwei kettengetriebenen Wagen bestehenden Mehrzweck-Geländefahrzeuge nahm im Sowjetstaat der 1970er-Jahre ihren Anfang; wobei Ähnlichkeiten mit den Fahrzeugen

| Technische Angaben „Witjas" | | |
|---|---|---|
| | **DT-10P** | **DT-30P** |
| **Besatzung** | 4–7 | 4–7 |
| **Gewicht, t** | 21,5 | 29 |
| **Nutzlast, t** | 10 | 30 |
| **Abmessungen, mm** | | |
| **Länge** | 13.620 | 15.465 |
| **Breite** | 2800 | 3100 |
| **Höhe** | 2700 | 3140 |
| **Leistung, PS** | 710 | 710 |
| **Höchstgeschwindigkeit, km/h** | 36 | 36 |
| **Fahrbereich, km** | 500 | 500 |

Der geschützte Mehrzweck-Kettentransporter DT-10P „Witjas" ist außerordentlich geländegängig und dazu noch schwimmfähig. photo.modernforces.ru

Diesem geschützten Kettentransporter DT-10P „Witjas“ sieht man an, dass er nicht nur in der Garage stand. soldat.by

der schwedischen Firma Hägglunds nicht rein zufällig sein dürften. Auf alle Fälle beteiligten sich führende sowjetische Wissenschafts-, Forschungs- und Konstruktionsbüros an der Entwicklung. Die Serienproduktion lief von 1982 bis 1986 im Werk für Verkehrstechnik in Ischimbai, besser bekannt als Machinenbauwerk „Witjas“. Alle „Witjas“-Fahrzeuge bestehen aus einem Vorder- und einem Hinterwagen, die eine Gelenksteuereinheit mit Knickgelenk verbindet. Der Vorderwagen nimmt den Fahrer und die vier bis siebenköpfige Besatzung auf, dahinter befindet sich der Motor. Die gegen Handwaffengeschosse und leichte Splitter gepanzerte Kabine verfügt über autonome Heizungs- und Lüftungsanlagen, die der Besatzung bei allen Wetterbedingungen komfortable Arbeitsbedingungen bieten. Der Hinterwagen kann verschiedenste Frachten oder Waffen aufnehmen. Fahrzeuge der ersten Baureihe trieb ein W-46-5S-Dieselmotor mit 710 PS an. Die leistungsgesteigerten DT-10PM und DT-30PM erhielten flüssigkeitsgekühlte Viertakt-V-Vielstoffmotoren mit direkter Kraftstoffeinspritzung nebst Radialverdichter JaMS-840.10 mit 800 PS Leistung. Der Motor

Geschützter Kettentransporter DT-10P „Witjas“ beim Durchschwimmen eines Wasserhindernisses.

startet noch bei Umgebungstemperaturen von –50° C. Das hydrodynamische 4-Gang-Transformatorgetriebe mit Sperrdifferential lässt sich durch ein 6-Gang-Automatikgetriebe ersetzen. Die Bremsanlage verwendet pneumatische Bandbremsen. Speziell für die „Witjas"-Familie wurde eine Schwenkkupplung entwickelt, die es Vorder- und Hinterwagen ermöglicht, sich unabhängig voneinander in allen Ebenen zu drehen. Ein charakteristisches Merkmal sind die Hydraulikzylinder, die ein horizontales oder vertikales Auseinander- oder Zusammendrücken der Fahrzeugteile in jede Richtung erlauben. Die horizontalen Falzzylinder wirken als Schwenkvorrichtung und stellen sicher, dass das Fahrzeug sehr wendig ist. Die vertikalen Hydraulikzylinder sind Stoßdämpfer und sorgen für eine hohe Laufruhe. Dank Schwenkkupplung und Hydraulikzylindern kann das Fahrzeug senkrechte Hindernisse bis zu 1,5 m erklettern und dank des Blockiersystems der vertikalen Zylinder Gräben bis zu 4 m Breite überschreiten. Die Schwenkkupplung sorgt überdies für eine maximale Traktion. Das drehstabgefederte Kettenlaufwerk umfasst vier breite metallene Riemenketten mit geschweißten Stahlquerträgern und Gummipolstern, vier Antriebsräder und zehn Laufräder je Seite. Der Abstand der Querrippen der Kette trägt zur effektiven Selbstreinigung der Kette von Schmutz, Schnee und Eis bei. Die Konstruktion der Antriebsräder verhindert eine Beschädigung des Laufwerks bei Temperaturen unter 0° C.

Bei der Straßenfahrt erreicht „Witjas" eine Höchstgeschwindigkeit von 36 km/h und im Wasser von bis zu 4 km/h. Der Tankinhalt reicht für bis zu 500 km (Straße) und lässt sich durch Einbau zusätzlicher Kraftstoffbehälter erhöhen. Die Eigenschaften des Kettenlaufwerks, die Fähigkeit, Wasserhindernisse zu überwinden, und die hohe Beweglichkeit unter schwierigsten Geländebedingungen machen die „Witjas"-Modelle zu einzigartigen Transportfahrzeugen in Schnee- und Sumpfregionen, die lange Strecken zurückzulegen können, auf denen andere Bodenfahrzeuge kapitulieren müssen.

Raketenwerfer-Einheiten der mot.-Schützenverbände der Arktis-Brigaden werden ebenfalls den Mehrfachraketenwerfer „Grad" auf Fahrgestell DT-10P „Witjas" erhalten.

Ein „Witjas“ der Ausführung DT-30P auf einem Parcours. en.wikipedia.org

120-mm-Selbstfahrgeschütz „Magnolia“ auf Fahrgestell des Kettentransporters DT-10P „Witjas“ für die Arktis-Brigaden der russischen Streitkräfte.

# Geschützter Amphibientransporter PTS-4

Das Konstruktionsbüro des Rüstungsunternehmens OAO Omsktransmasch entwickelte den amphibischen Kettentransporter PTS-4, der vielfach als Landungsfahrzeug eingesetzt wird. Er wurde 2007 erstmals der Öffentlichkeit vorgestellt, bis 2011 erprobt und um das Jahr 2015 von den russischen Streitkräften übernommen, wo er den PTS-2 ablöste.

Der PTS-4 kann verschiedenste Ausrüstung transportieren: Lkw, Geschütze, Rad- und Kettenschützenpanzer sowie alle Arten von Fracht, weshalb er bei Naturkatastrophen, insbesondere Überschwemmungen, schon wertvolle Hilfe leisten konnte. Der PTS-4 basiert auf dem Fahrgestell des Kampfpanzers T-80. Er verfügt über eine wasserdichte Wanne und folgenden Aufbau: Am Bug befindet sich das rundum gepanzerte Führerhaus für zwei Personen. Antrieb und Antriebsstrang sind etwa in der Mitte im Wannenboden untergebracht, um die Schwimmstabilität zu erhöhen und eine zuverlässige Drehmomentübertragung auf die Mantelpropeller, die Ketten und die Zugwinde zu gewährleisten. Den größten Teil der Wanne nimmt der Laderaum mit Heckklappe ein.

| Technische Angaben PTS-4 | |
|---|---|
| **Besatzung** | 2 + 72 |
| **Nutzlast, t** | 12–18 |
| **Leergewicht, t** | 33,145 |
| **Abmessungen, mm** | |
| **Länge** | 8300 |
| **Breite** | 3300 |
| **Bewaffnung** | 1 x 12,7-mm-MG + 400 Schuss |
| **Leistung, PS** | 840 |
| **Höchstgeschwindigkeit, km/h** | |
| **auf befestigten Straßen** | 60 |
| **schwimmend** | 15 |
| **Fahrbereich, km:** | |
| **auf befestigten Straßen** | 600 |
| **schwimmend** | bis zu 150 |

Das Führerhaus verfügt über eine ABC-Filter- und Belüftungsanlage, Funkausstattung und Messgeräte

Geschützter Amphibientransporter PTS-4. Pressedienst OAO Omsktransmasch

Geschützter Amphibientransporter PTS-4, Frontansicht. Pressedienst OAO Omsktransmasch

Schützenpanzer BMP-3 im Frachtabteil eines PTS-4.

für das Fahren bei Nacht und schlechter Sicht. Auf dem Dach ist eine fernbedienbare Waffenstation mit 12,7-mm-Maschinengewehr NSWT und 400 Schuss aufgebaut.

Der Laderaum verfügt über eine hydraulisch absenkbare Heckklappe, über die Fahrzeuge selbstständig an und von Bord gehen. Nicht selbstfahrende Ausrüstung wird mit einer Kranwinde an der Vorderseite des Laderaums an Bord gehievt. Sie lässt sich auch zum Löschen der Ladung einsetzen, wenn die Beschaffenheit von Küsten und Ufern eine Anlandung des PTS-4 nicht zulässt. Da die Länge der 8280 x 3300 mm großen Ladefläche nur die Anbordnahme eines Lkw erlaubt, werden von Lkw gezogene Geschütze auf eine Art Schwimmanhänger verladen, der zur Standardausrüstung des PTS-4 gehört. Für die Beladung gibt es folgende Möglichkeiten.

- 72 Soldaten in voller Ausrüstung;
- 12 Verwundete auf Bahren;
- 1 Geschütz Kaliber 57–152 mm plus Zugmittel;
- 1 Lkw Ural-4320;
- 2 Pkw UAS.

Das Fahrzeug wird von einem 840 PS starken 12-Zylinder-V-Vielstoffmotor W-84MS angetrieben, der es auf befestigten Straßen auf bis zu 60 km/h bringt.

PTS-4 mit einem Lkw Ural-4320 an Bord. fishri.net

Der Antrieb im Wasser erfolgt über zwei Mantelpropeller am Heck, die beim zu Wasser gehen angehoben und gegen die Heckklappe gedrückt werden. Im Wasser sind Geschwindigkeiten von bis zu 15 km/h möglich. Dank seiner Vielseitigkeit und seines Kettenlaufwerks kann der PTB-4 Ausrüstung und Lasten auch in schwierigem Gelände transportieren. Er lässt sich für amphibische Einsätze mit Zusatzausrüstungen wie zwei Wasserpumpen, Auspuffrohrverlängerungen, einer speziellen Überdachung und einer Kreisel-Navigationsanlage ausstatten. Bei amphibischen Einsätzen kann der Transporter bis Seegang 5 operieren. PTS-4-Transporter kamen wiederholt bei Rettungseinsätzen in verschiedenen Teilen Russlands zum Einsatz, wo sie ihre hohe Effizienz unter Beweis stellten.

Heck des PTS-4 mit den beiden Mantelpropellern samt Rudern, die ihm im Wasser eine Geschwindigkeit von 15 km/h verleihen.

Amphibientransporter PTS-4 beim Erklettern einer Böschung. Pressedienst OAO Omsktransmasch

# II. FLUGABWEHRWAFFEN

## Tragbare Flugabwehrraketen

Derzeit stellen tragbare, schultergestützte Flugabwehrraketen oder Fliegerfäuste (im NATO-Jargon als MANPADS, *Man Portable Air Defense Systems* – Ein-Mann-Boden-Luft-Raketen – bezeichnet) das vorrangige Luftabwehrmittel der russischen Infanterie und der Luftlandetruppen dar. Natürlich werden sie auch von anderen Waffengattungen zur Abwehr feindlicher Flugzeuge und Hubschrauber eingesetzt. Tragbare Flugabwehrraketen sind ferner an Befehlsständen, auf Flugplätzen der Luftstreitkräfte und auf Booten der Marine ebenso anzutreffen wie bei den Grenztruppen des Föderalen Sicherheitsdienstes oder bei Einsatzverbänden der Inneren Truppen.

Tragbare Flugabwehrsysteme lassen sich je nach Zielsuch- und Erfassungssystem in zwei Gruppen einteilen: Waffen mit passiven (thermischen) Zielsuchköpfen und Systeme mit aktiver Funksteuerung.

Bei der ersten Gruppe fasst der Fliegerfaustschütze mit dem optischen Visier seines Startgeräts ein Flugziel auf, das dann vom Zielsuchkopf des Raketengeschosses selbstständig verfolgt wird. Von Anfang an: Sobald die Wärmestrahlung des Ziels vom Suchkopf erfasst wird, werden optische und akustische Anzeigen am Abschussgerät aktiviert. Der Bediener, der das Ziel im Visier behält, bestimmt den Moment, in dem er den Startknopf drückt. Den Rest erledigt die Rakete, indem ihr Suchkopf der Wärmeabstrahlung oder UV-Strahlung des Luftziels (Triebwerk, verbrannter Treibstoff) folgt. Das heißt, in diesem Fall wird das Prinzip „shoot and forget“ – „Schießen und Vergessen“ – angewandt. Mit anderen Worten: Der Soldat, der die Rakete abfeuert, hat keine Möglichkeit mehr, auf deren Flugbahn einzuwirken, die Rakete agiert selbstständig. Allgemeine Nachteil: passive Systeme lassen sich von hitzeabstrahlenden Täuschkörpern ablenken, die das Luftfahrzeug ausstößt. Auch sollte der Abschusswinkel zur Sonne größer als 20 Grad sein, da die Rakete nicht zwischen der Wärmestrahlung der Sonne und des Ziels unterscheiden kann.

Flugabwehrraketen der zweiten Gruppe verfügen über halbautomatische Funksteuerungsanlagen. Der Bediener erfasst und verfolgt das Ziel mit seinem Visier, während die gestartete Rakete quasi der Visierlinie folgt und Abweichungen von der Sichtlinie automatisch korrigiert. Dies erfordert, dass der Bediener seine gesamte Aufmerksamkeit für einen bestimmten, wenn auch kurzen Zeitraum auf ein einziges Ziel richtet.

Die Wahrscheinlichkeit, ein Ziel mit einer einzigen Rakete zu treffen, ist bei modernen schultergestützten Systemen hoch. Dies bestätigten etwa die Ergebnisse eines Streitkräfte-übergreifenden Luftabwehr-Wettbewerbs, der vom 22. bis 27. Juni 2015 im Ausbildungszentrum für Luftverteidigung des russischen Heeres stattfand. Im Verlauf des Wettbewerbs hatten Soldaten mit schultergestützten Flugabwehrraketen „Igla“ unterschiedlichste Luftziele zu bekämpfen – sei es stehend am Boden oder von Bord eines fahrenden Radschützenpanzers BTR-80.

Insgesamt wurden rund 50 Lenkflugkörper des Typs „Igla“ abgeschossen. Sie zerstörten rund 15 Hubschrauber-Ziele sowie 20 „Feindflugzeuge“, die von Boden-Luft-Raketen „Strela-10“ (Pfeil) dargestellt wurden..

Zusätzlich zu den Fliegerfäusten „Igla-1“ und „Igla“ gingen den Streitkräften die neuen „Werba“ (Weide) zu. Als erste erhielten sie eine Luftlandedivision und die motorisierte Schützenbrigade des Ostbezirks. Dieses System, das in seiner Effizienz weltweit seinesgleichen sucht, verfügt über eine unübertroffene Reichweite bei der Zielverfolgung und Zerstörungszone. Es ist in der Lage, Ziele mit geringer Strahlung mit hoher Wahrscheinlichkeit zu treffen – Marschflugkörper, unbemannte Luftfahrzeuge (Drohnen), d. h. Flugobjekte, die schwer zu erkennen, aber noch schwerer abzuschießen sind.

Flugabwehr-Raketensystem „Strela 10 M“ auf Mehrzweck-Zug- und Transportmittel MT-LB.
Foto: Ralf Weinreich

# Fliegerfaust 9K333 „Werba“

Zu den jüngsten, bei der Truppe eingeführten Entwicklungen des Konstruktionsbüros für Maschinenbau (KBM) in Kolomna zählt das tragbare Flugabwehrsystem „Werba“ (Weide). Die Erprobung wurde 2011 abgeschlossen und die Fliegerfaust von den russischen Streitkräften übernommen. Als erste erhielten eine Luftlandedivision und eine motorisierte Schützenbrigade des Ostbezirks diese Fliegerfaust.

Die schultergestützte „Werba“ (GRAU-Index 9K333) gehört zu einer neuen Generation tragbarer Flugabwehrsysteme und erhielt eine Tageslicht-Zieloptik, eine Freund-Feind-Kennung, ein Wärmebildgerät, einen verbesserten Infrarot-Suchkopf und einen neuen Starbehälter mit eingebauter Elektronik und thermoelektrischer Batterie.

Der verbesserte Störungsschutz und die um ein Vielfaches erhöhte Empfindlichkeit des Suchkopfes erweitern die Wirksamkeit und die Reichweite des Systems gegenüber dem Vorgänger „Igla“ (siehe S. 152) deutlich. Der Komplex umfasst u. a.:

- die Flugabwehrrakete 9M336;
- das Startgerät 9P521;
- das Freund-Feind-Kennungsradar 1L229B
- den Radarwarner 1L122;
- das Aufklärungs- und Lenkmodul 9S932-1;
- das Feuerleitmodul 9S933;
- den Einbausatz 9S933-1
- Übungs- und Ausbildungsgeräte.

| Technische Angaben „Werba“ | |
|---|---|
| **Lenkung** | Infrarot-Suchkopf |
| **Reichweite, m:** | |
| **maximal** | 6400 |
| **minimal** | 500 |
| **Einsatzhöhe, m:** | |
| **maximal** | 4500 |
| **minimal** | 10 |

Soldat mit Fliegerfaust 9K333 „Werba“ im Anschlag.

Die Fliegerfaust 9K333 „Werba“ gehört zu den tragbaren, schultergestützten Flugabwehrsystemen der russischen Streitkräfte.

Die Lenkanlage erkennt Luftziele automatisch, unterscheidet sie und bekämpft sie mit einem passiven Zielsuchkopf, der auf drei Bandbreiten im Infrarot- und Ultraviolett-Bereich arbeitet. Dadurch kann „Werba“ Flugziele auch bei Nacht und schlechter Sicht mit hoher Trefferwahrscheinlichkeit bekämpfen, auch wenn diese nur wenig Wärme abstrahlen: Flugzeuge, Hubschrauber, Drohnen und Marschflugkörper mit einer maximalen Fluggeschwindigkeit von 320 m/s (Vorbeiflug) und 400 m/s frontal anfliegend. Hinzu kommen eine hohe Betriebssicherheit und eine einfache Wartung.

Abschuss einer „Werba“-Flugabwehrrakete 9M336.

Die Fliegerfaust 9K333 „Werba“ lässt sich auch von Fahrzeugen aus zum Einsatz bringen und dient unter anderem zum Schutz von Fahrzeugkolonnen auf dem Marsch gegen Bedrohungen aus der Luft.

## Fliegerfaust 9K38 „Igla“

Die Flugabwehr-Truppenteile der verschiedenen Waffengattungen der russischen Streitkräfte verfügen über die Fliegerfaust „Igla“ (Nadel), die ebenfalls vom Konstruktionsbüro für Maschinenbau (KBM) in Kolomna entwickelt und 1983 von der Sowjetarmee unter dem GRAU-Index 9K38 übernommen wurde.

Das System mit Infrarot-Suchkopf kann an-, ab- und vorbei fliegende Flugzeuge und Hubschrauber bei Tag und Nacht bekämpfen. Die Zusammensetzung des Komplexes:

Kampfmittel:

- Lenkrakete 9M39 mit Startbehälter (Abschussrohr) 9P39;
- Behälter 9P238 mit Thermalbatterie und Suchkopf-Kühlmittel;
- Start- und Visiergerät 9P516;
- Nachtsichtgerät 1PN97.

Mittel zum Empfang von Zielinformationen:

- Freund-Feind-Kenngerät 1L229 oder 1L148
- Funkgerät 1L15-1.

Wartungseinrichtungen.

Übungs- und Ausbildungsgeräte.

| Technische Angaben „Igla“ | |
|---|---|
| **Lenkung** | Infrarot-Suchkopf |
| **Gesamtgewicht, kg** | 16,8 |
| **Gewicht der Rakete, kg** | 10,6 |
| **Typ des Sprengkopfes** | Splittergefechtskopf |
| **Reichweite, m:**<br>**maximal**<br>**minimal** | <br>5200<br>1000 |
| **Einsatzhöhe, m:**<br>**maximal**<br>**minimal** | <br>3500<br>10 |

Der Boden-Luft-Lenkflugkörper 9M39 verfügt über einen passiven Infrarotsuchkopf, der auf zwei unterschiedlichen Wellenlängen arbeitet. Der Splittergefechtskopf zündet bei Aufschlag. Üblicher Weise wird die Fliegerfaust schultergestützt von einem Soldaten abgefeuert, es gibt jedoch noch das so genannte „Jigit“-Startgerät 203-OPU mit Dreibein und Wetterschutzdach sowie Sitz für den Schützen. Es lässt sich mit einer oder zwei „Igla“ je Seite bestücken und verfügt über eine erweiterte elektronische

Marineinfanterist mit Fliegerfaust 9K38 „Igla“ im Anschlag.

Ausstattung. Zu den Vorteilen und Merkmalen des Komplexes gehören:

- Dualer-Infrarot-Zielsuchkopf; automatische Eingabe von Seiten- und Höhenrichtwinkeln beim Start;
- Zielortung und –verfolgung unter erschwerten Bedingungen (IR-Täuschkörper);
- Zündung des Resttreibstoffs des Haupttriebwerks zur gleichen Zeit wie der Gefechtskopf;
- Freund-Feind-Kennung.

Fliegerfaust 9K38 „Igla" mit Startbehälter 9P39 und Lenkrakete 9M39. kbm.

Mot.-Schützen sichern eine Stellung mir Fliegerfäusten „Igla".

Abschuss einer „Igla"-Lenkrakete 9M39.

# Fliegerfaust 9K338 „Igla-S“

Die Fliegerfaust 9K338 „Igla-S“ schuf das Konstruktionsbüros für Maschinenbau (KBM) in Kolomna Ende der 1990er-Jahre vorwiegend für den Exportmarkt. Die russischen Streitkräfte beschafften die „Igla-S“ nur in kleiner Stückzahl, zumal auf ihrer Grundlage dann die 9K333 „Werba“ (siehe S. 150) entstand. Nichtsdestoweniger stellt die „Igla-S“ eine kampfwertgesteigerte Weiterentwicklung der 9K38 „Igla“ (siehe oben) dar, mit folgenden Verbesserungen:

- Erhöhung der Sprengstoffmasse im Gefechtskopf um etwa das 1,5-fache;
- Berührungsloser Abstandszünder unter Beibehalt des Aufschlagzünders;
- Verwendung von detonationsfähigem Brennstoff für das Antriebssystem;
- Steigerung der Reichweite;
- Verbessertes Nachtsichtgerät für den Einsatz bei Nacht;
- Verbesserte Verwendungsmöglichkeit auf verschiedenen Lafetten und Fahrzeugen, darunter das Abschussgestell „Dschigit“ (nach den flinken Dschigiten-Reiterkriegern des Kaukasus) für zwei „Igla-S“.

Der Komplex umfasst:
Kampfmittel:
- Rakete 9M342 (Rakete im Startrohr 9P338 mit Bodenstromquelle 9B238-1 (9B238);
- Start- und Lenkeinheit 9P522;

Wartungseinrichtungen.
Übungs- und Ausbildungsgeräte.

Vorteile und Merkmale des Komplexes:
- Schultergestützte Lenkrakete mit selbstständiger Zielsuche („Schießen und Vergessen“);
- digitale statt analoge Technik im Suchkopf;
- hohe Störungsunanfälligkeit gegenüber natürlichen und künstlichen Störungen;
- Leichte Bedienbarkeit bei Zielauffassung und Abschuss;
- Hohe Betriebssicherheit;
- Geringe Detektierbarkeit während des Kampfeinsatzes;
- Funktionssicherheit auch unter extremen Einsatzbedingungen.

Abschuss einer „Igla-S“-Lenkrakete 9M342 auf einem Übungsplatz.

Fliegerfaust 9K338 „Igla-S“.

Soldat mit Fliegerfaust 9K338 „Igla-S“ im Anschlag, Seitenansicht.

| Technische Angaben „Igla-S“ | |
|---|---|
| Lenkung | Infrarot-Suchkopf |
| Gesamtgewicht, kg | 18,25 |
| Gewicht der Rakete, kg | 11,3 |
| Typ des Sprengkopfes | Splittergefechtskopf mit Annäherungszünder |
| Reichweite, m: | |
| maximal | 6000 |
| minimal | 500 |
| Einsatzhöhe, m: | |
| maximal | 3500 |
| minimal | 10 |

„Dschigit“-Abschussgestell der irakischen Streitkräfte für zwei Fliegerfäuste „Igla-S“.

Soldat mit Fliegerfaust 9K338 „Igla-S“ im Anschlag, Mündungsansicht.

# SELBSTFAHRENDE FLUGABWEHRWAFFEN

Selbstfahrende Flugabwehrkanonen und Flaraketensysteme bilden das Rückgrat der Luftverteidigung des Heeres. Sie schützen die Truppen in Bereitstellungsräumen, auf dem Marsch und auf dem Gefechtsfeld gegen Bedrohungen aus der Luft. Sie sind hochbeweglich und können der Kampftruppe überallhin folgen.

In der Regel spielt sich das Beziehen der Feuerstellung aus dem Marsch bis zur Herstellung der Feuerbereitschaft bei taktisch-operativen Einheiten in 3–5 Minuten und bei taktischen Einheiten in etwa 1 Minute ab. Für Einsatzkräfte der operativ-taktischen und taktischen Ebene beträgt die Zeit zum Verlassen einer Stellung 3–10 Sekunden. Diese hohe Beweglichkeit ist vor allem auf die Verwendung geländegängiger Ketten- oder Radfahrgestelle zurückzuführen. Um eine vollständige Autarkie zu gewährleisten, sind bei einigen Systemen die Startvorrichtungen der Flugabwehrlenkwaffen, das Zielerfassungs- und -verfolgungsradar, die Feuerleitanlage, die Funksausrüstung, die Energiequellen usw. auf einem einzigen Fahrgestell mit Eigenantrieb untergebracht. Die Versorgung und Wartung solcher Komplexe stellen besondere Nachschub- und Instandsetzungsfahrzeuge sicher.

Die ersten modernen Flugabwehrsysteme des Typs S-300W-, „Strela-10", „Osa", „Buk", „Tor" und „Tunguska" wurden in den 1970er- und 1980er-Jahren für die Luftverteidigungskräfte der sowjetischen Streitkräfte entwickelt. Einst galten sie als die besten der Welt. Für einige gab es im Ausland überhaupt keine Entsprechung.

Infolge der wirtschaftlichen Schwierigkeiten, die mit dem Zusammenbruch der Sowjetunion einhergingen, wurden die Luftverteidigungskräfte in den letzten rund 20 Jahren kaum mit neuen Waffen versorgt. Um die Kampfbereitschaft der Truppe aufrechtzuerhalten, wurde beschlossen, mit der Kampfwertsteigerung der sowjetischen Systeme zu beginnen, zumal diese ein hohes Modernisierungspotenzial aufwiesen. Insbesondere das Boden-Luft-Raketensystem S-300 wurde auf Stand S-300WM gebracht. Dadurch wurde die Reichweite gegen Luftziele auf 200 km erhöht, die Abdeckung von Gebieten gegen Angriffe durch taktische und taktische Raketen um das Zwei- bis Dreifache vergrößert und die Zuverlässigkeit verbessert (die mittlere Betriebsdauer wurde um das 2,5-fache erhöht).

Die kampfwertgesteigerten Boden-Luft-Raketensysteme mittlerer Reichweite „Buk-M2" sind in der Lage, Luftziele in einer Entfernung von bis zu 50 km (statt anfänglich 30 km) zu bekämpfen und taktische Raketen abzufangen, die in einer Entfernung von bis zu 200 km abgeschossen werden. Die aufgerüsteten Systeme sind in der Lage, 24 statt 6 Luftziele pro Bataillon gleichzeitig zu bekämpfen.

Die Modernisierung des Flugabwehrraketensystems „Tor" führte zum „Tor-M2U", für das es derzeit weltweit keine vollwertigen Entsprechungen gibt. Es stellt das einzige zuverlässige Mittel zur wirksamen Bekämpfung von Hochpräzisionswaffen dar, u. a. von Marschflugkörpern, Drohnen und Lenkbomben.

Als Vertreter einer neuen Generation von Flugabwehrsystemen mit kurzer Reichweite zeichnet sich „Tor-M2U" durch eine erhöhte Wirksamkeit bei der Abwehr moderner Luftangriffsmitteln unter Einsatz von Feuerkraft und elektronischen Gegenmaßnahmen aus. Das Fahrzeug kann bis zu 48 Ziele gleichzeitig erfassen, sie nach ihrer Bedrohung einstufen und vier Ziele gleichzeitig mit vier nacheinander abgefeuerten Raketen bekämpfen. Die Lenkraketen sind speziell für das Abfangen kleiner hochbeweglicher Flugziele ausgelegt.

Außerdem erhalten die Truppen die verbesserten Rohr- und Raketensysteme „Tunguska-M1", „Strela-10M4" und „Osa-AKM."

Für die Weiterentwicklung der Heeresflugabwehr soll eine Reihe von Forschungs- und Entwicklungsaktivitäten eingeleitet, durchgeführt und abgeschlossen werden. Insbesondere wird an der Entwicklung fortschrittlicher Flaraketensysteme mittlerer und kurzer Reichweite gearbeitet, welche die hohe Luftabwehrfähigkeit der Truppe auch künftig gewährleisten sollen.

# Flugabwehrpanzer 2K22M1 „Tunguska-M1"

Einzelne motorisierte Schützenbrigaden sind mit dem Flugabwehrpanzer 2K22M1 „Tunguska-M1" ausgerüstet (benannt nach der Tunguska, einem Fluss in Sibirien), der über Rohr- und Raketenbewaffnung verfügt. Der Flapanzer sichert und schützt motorisierte Schützen- und Panzerverbände auf dem Marsch und auf dem Gefechtsfeld gegen Bedrohungen aus der Luft. Mit seiner vielseitigen Rohr- und Raketenbewaffnung kann er Kampfflugzeuge, Hubschrauber, Marschflugkörper und Drohnen bekämpfen.

Als erkorener Nachfolger des Flakpanzers SSU-23-4 „Schilka" (ebenfalls ein sibirischer Fluss) mit 23-mm-Vierlingsflak reicht die Entwicklung des „Tunguska" bis ins Jahr 1973 zurück, als sich das Forschungsinstitut 3 des Verteidigungsministeriums im Rahmen der so genannten Zapruda-Forschungen mit einem „Schilka"-Nachfolger beschäftigte. Dieser sollte gepanzerten Verbänden überallhin folgen und mit seiner Rohr- und Raketenbewaffnung Flugziele bis in 4000–8000 m Höhe bekämpfen können – eine gewaltige Steigerung gegenüber der „Schilka", die gegen Flugziele nur bis auf 1500 m Höhe mit Aussicht auf Erfolg wirken konnte. Nach der endgültigen Genehmigung des Lastenheftes 1975 erhielt das Uljanowsker Mechanische Werk den Entwicklungsauftrag. Die Prototypen-Erprobung begann im September 1980, und 1982 führten die sowjetischen

| Technische Angaben „Tunguska-M1" | |
|---|---|
| **Besatzung** | 4 |
| **Gefechtsgewicht, t** | 34,8 |
| **Bewaffnung:**<br>**Kanone**<br><br><br>**Rakete** | <br>2 x 30-mm-Maschinenkanone 2A38M<br>2 x 2 Startrohre für Flaraketen 9M311-1M |
| **Kampfbeladung, Schuss:**<br>**Maschinenkanone**<br>**Flaraketen** | <br>1936<br>8 |
| **Reichweite Raketen, m:** | 2500–10.000 |
| **Einsatzhöhe, m:** | 15–3500 |
| **Reichweite Kanonen, m:** | 200–4000 |
| **Einsatzhöhe, m:** | 0–3000 |

Der Flugabwehrpanzer 2K22 „Tunguska-M" verfügt sowohl über Rohr- als auch Raketenbewaffnung.

Flugabwehrpanzer „Tunguska-M“ bei einer Vorführung, linke Seitenansicht. fotki.yandex.ru

Der Flugabwehrpanzer „Tunguska-M“ verfügt über zwei 30-mm-Maschinenkanonen 2A38 und acht Startrohre für Flugabwehr-Lenkraketen 9M311. Mit dieser vielseitigen Bewaffnung kann er verschiedenste Luftziele bekämpfen.

Landstreitkräfte den neuen Flapanzer unter der Bezeichnung „Tunguska“ (GRAU-Index 2K22) ein. Der aus mehreren Fahrzeugen bestehende „Tunguska“-Komplex umfasst:

- Den Flakpanzer (6 Einheiten);
- das Versorgungsfahrzeug 2F77 (6 Einheiten);
- ein Fahrzeug für den Transport eines Gruppensatzes von Ersatzteilen für 6 Flapanzer;
- ein Fahrzeug für Wartung und Instandsetzung der elektronischen Ausrüstung;
- ein Fahrzeuge für die Wartung der mechanischen und hydraulischen Anlagen;
- ein Fahrzeug für Wartung und Instandsetzung von Motor und Fahrwerk;
- ein Fahrzeug für Wartung und Inspektion der Flaraketen.

Der Flapanzer an sich trägt die Bezeichnung 2S6 und besteht aus folgenden Hauptbaugruppen:

- Kettenfahrgestell GSch-352;
- Rohrbewaffnung: 2 x 30-mm-Zwillingsmaschinenkanonen 2A38;
- Raketenbewaffnung: 2 x 4 Startrohre für Flugabwehr-Lenkraketen 9M311;
- Radaranlage;
- Motor und Getriebe.

Im Bug des Kettenfahrgestells GSch-352 befindet sich links das Fahrerabteil. Die Mitte der Wanne nimmt den Kampfraum mit Waffenturm ein. Im Heck sind Motor und Getriebe untergebracht. Die vierköpfige Besatzung setzt sich aus Kommandant, Radarbediener, Richtschütze und Fahrer zusammen.

Das Fahrzeug verfügt über eine Kanonenbewaffnung in Gestalt zweier doppelläufiger 30-mm-Flugabwehrmaschinenkanonen 2A38 und eine Raketenbewaffnung in Form von vier Flugabwehrlenkraketen 9M311 je Seite.

Die Maschinenkanone 2A38 ist ein Zwillingsgeschütz, das beim Schießen abwechselnd das linke und rechte Rohr bedient. Diese Konfiguration ermöglicht eine sehr hohe Kadenz von bis zu 5000 Schuss pro Minute. Jedes Rohr wird über einen eigenen Zuführer mit gegurteter Munition versorgt. Die Maschinenkanone arbeitet als Gasdrucklader mit elektrischer Zündung und Flüssigkeitskühlung (je nach Umgebungstemperatur wird Wasser oder Frostschutzmittel verwendet). Die „Rohrlebensdauer im Gefecht“ (also ohne Rohrwechsel) beträgt min-

**2K22 „Tunguska-M“ beim Feuern mit den Kanonen, mit denen er auch Erdziele bekämpfen kann. Man beachte den „Hülsenregen“ hinter dem Fahrzeug.**

destens 8000 Schuss, wobei nach 100 Schuss pro Rohr eine Pause einzulegen ist. Die Munition besteht aus Sprenggranaten sowie panzerbrechenden Wucht- und Brandgeschossen.

Die Boden-Luft-Lenkflugkörper 9M311 sind in jeweils vier Transport- und Startbehältern untergebracht. Die Rakete 9M311 verfügt über ein Zweistufen-Triebwerk mit abwerfbarem „Booster“-Teil. Bei einer Länge von 2562 mm beträgt die Gesamtmasse 42 kg (mit Container 57 kg), wobei auf den Splittergefechtskopf 9 kg entfallen. Der Flugkörper ist sowohl mit einem Aufschlag- als auch einem Annäherungszünder versehen, so dass der Gefechtskopf entweder beim direkten Aufprall oder schon aus einer Entfernung von bis zu 5 m zündet. Die wirksame Höhenreichweite beträgt minimal 15 m und maximal 3500 m; ansonsten 2500–8000 m. Die Fluggeschwindigkeit erreicht 0,65 Mach.

Die Lenkung erfolgt halbautomatisch funkgesteuert mit manueller Zielverfolgung und automatischer Positionierung des Flugkörpers in der Sichtlinie durch Radarsignale. Die Radaranlage besteht aus einem Überwachungs- und einem Feuerleitradar, das mit Parbolantenne nach dem Monopulsverfahren arbeitet.

Für die Rohrbewaffnung steht eine optronische Visieranlage mit achtfacher Vergrößerung und Stabilisierung der Sichtlinie zur Verfügung Das Sichtfeld beträgt 8°.

Dank des digitalen Feuerleitrechners mit speziellen Algorithmen sind alle Prozesse des Gefechtseinsatzes automatisiert. Dieses System gewährleistet die Auswahl der Waffen (Rakete oder Kanone) und der Betriebsart der Lenkung (Radar, optische oder Trägheitsverfolgung, je nach Störung oder meteorologischer Situation).

Generell bietet der Flapanzer „Tunguska“ eine zuverlässige Bekämpfung von niedrig fliegenden Luftzielen, einschließlich schwebender Hubschrauber. Dank der Möglichkeit, abwechselnd die Kanonen- oder die Raketenbewaffnung einzusetzen, verfügt er über einen kontinuierlichen Wirkungsbereich ohne „tote Zonen“, wie sie bei Flugabwehrraketensystemen üblich sind.

Vom Flapanzer „Tunguska“ entstanden mittlerweile mehrere verbesserte Versionen. 1990 erschien der 2K22M „Tunguska-M“ mit verbessertem Radar und einem Empfänger für die Kommunikation mit dem neuen Batteriegefechtsstand „Ranschir“; außerdem mit kampfwertgesteigerten Raketen 9M311M und verbesserten Maschinenkanonen 2A38M mit erhöhter Kadenz von 1250 S/min pro Rohr. Das

Gasturbinentriebwerk wurde durch ein neues mit einer erhöhten Lebensdauer von bis zu 600 Stunden ersetzt. Der 2K22M1 „Tunguska-M1" stellt eine ab 2003 grundlegend modernisierte Ausführung dar. Er erhielt u. a. eine neue Elektronik, die eine Vernetzung mit anderen Flugabwehrwaffen ermöglichte; kampfwertgesteigerte Raketen 9M311-1M mit stärkerem Triebwerk, erhöhter Reichweite (10 km) und verbessertem Annäherungszünder zur Bekämpfung von Drohnen und Marschflugkörpern. Bei der Ausrüstung für die Verfolgung von Luftzielen wurde ein Entlastungsschema eingeführt, das dem Richtschützen die Arbeit erleichtert und die Verfolgungsfehler reduziert.

Letztlich konnte die Kampfkraft bei „Tunguska-M1" um das 1,3- bis 1,5-fache gegenüber „Tunguska-M" gesteigert werden. Alle „M"-Ausführungen lassen sich auf Standard „M1" bringen.

Dieser Flugabwehrpanzer „Tunguska-M" wurde bei den Kämpfen in der Ukraine durch feindliche Waffenwirkung zerstört.

## Flugabwehrsystem 96K6 „Panzir-S1“

Das mit Rohr- und Raketenbewaffnung versehene Flugabwehrsystem „Panzir-S1“ (Harnisch) trat die Nachfolge des Flapanzers „Tunguska“ (siehe oben) an und wurde im Unterschied zu diesem auf einem 8-Rad-Fahrgestell aufgebaut. Wie „Tunguska“ ist „Panzir-S1“ für den Nahschutz ziviler und militärischer Objekte gegen sämtliche Typen fortschrittlicher Luftangriffswaffen ausgelegt. Das System wird von Flugabwehrregimentern eingesetzt. 2015 wurden zunächst zwei Regimenter des westlichen Militärbezirks damit ausgerüstet und bis 2020 sollten rund 100 „Panzir-S1“ an die Truppe geliefert werden.

Der Komplex wurde von dem in Tula ansässigen Konstruktionsbüro für Gerätebau in Zusammenarbeit mit der Firma Wolchow Verteidigungssysteme entwickelt. Ein Modell lag 1994 vor, der erste Prototyp 1995. Mitte 2006 wurde das System erfolgreich auf dem Raketenversuchsgelände Kapustin Jar erprobt, und im November 2012 führten es die russischen Streitkräfte unter der Bezeichnung 96K6 „Panzir-S1“ ein. Als Fahrgestell für den Prototypen diente ein 8 x 8-Lkw Ural-5323.4. Die Serienmodelle hingegen erhielten den 8 x 8-Lkw KaMAS-6560 als Unterbau, wobei sich auch andere Rad- und Kettenfahrzeuge als Fahrgestelle verwenden lassen.

| Technische Angaben 96K6 „Panzir-S1“ | |
|---|---|
| **Besatzung** | 3 |
| **Gewicht, t** | ca. 20 |
| **Bewaffnung:** | |
| **Kanone** | 2 x 30-mm-Zwillingsmaschinenkanone 2A38M |
| **Rakete** | 12 Flugabwehrraketen 57E6 |
| **Kampfbeladung:** | |
| **Schuss** | 1400 |
| **Raketen** | 8–12 |
| **Reichweite Raketen, m** | 1200–20.000 |
| **Einsatzhöhe, m** | 15–15.000 |
| **Kanonen, m** | 200–4000 |
| **Einsatzhöhe, m** | 0–3000 |

„Panzir-S1“ beim Feuern mit den Kanonen.

„Panzir-S1“ paradieren am 9. Mai 2015 in Moskau.
Pressedienst des Verteidigungsministeriums

Das Flugabwehrsystem 96K6 „Panzir-S1“ verwendet ein 8-Rad-Fahrgestell, meist des Lkw KaMAS-6560. Hier eine Exportversion auf MAN-Fahrgestell. topwar.ru

Von den insgesamt 52 an die Vereinigten Arabischen Emirate gelieferten Systemen war je die Hälfte auf vierachsigen MAN-Lkw und auf speziellen Kettenfahrgestellen aufgebaut. Der „Panzir–S1“-Komplex setzt sich zusammen aus:

- Trägerfahrzeug;
- Radareinheit;
- 12 Flugabwehrlenkraketen;
- 2 Zwillingsmaschinenkanonen;
- Versorgungs- und Ladefahrzeug.

Zu den Wartungseinrichtungen gehören:

- 3 Instandsetzungs- und Wartungs-Kfz;
- Ersatzteil-Kfz;
- Grundausstattung an Prüfgeräten;

Ausbildunggerät:

- Mobile Ausbildungsstation;
- Simulator.

Waffenstarrender Igel: Die Rohr- und Raketenbewaffnung des „Panzir-S1“ besteht aus zwei 30-mm-Zwillingsgeschützen 2A38M und zwölf Startbehältern für Flugabwehrraketen 57E6. topwar.ru

Flugabwehrsystem „Panzir-S1 auf Kettenfahrgestell GM-352M1E und geänderter Raketenbewaffnung. Pressedienst Konstruktionsbüro Tula

Die Rohr- und Raketenbewaffnung des „Panzir-S1" ist in einem Kampfmodul untergebracht. Die Kanonenbewaffnung besteht aus zwei Zwillings-Flugabwehrgeschützen 2A38M. Die beiden Rohre eines Geschützes feuern abwechselnd, was eine Kadenz von 1950 bis 2500 Schuss pro Minute ermöglicht. Ein in sich geschlossenes Verdunstungs-Kühlsystem der Rohre erlaubt eine längere Feuerdauer. Die Raketenbewaffnung besteht aus 12 Startbehältern für Flugabwehrlenkraketen 57E6, die nach dem Zweistufenprinzip aufgebaut sind und über einen Annäherungs- sowie einen Aufschlagzünder verfügen. Der Gefechtskopf wiegt 20 kg, wobei 5 kg auf die Sprengladung entfallen. Die Lenkung erfolgt elektrooptisch und mittels Radar. Kurskorrekturen ermittelt der Feuerleitrechner des Fahrzeugs und sendet sie mittels Mikrowellen an die Rakete.

Die 6 Fahrzeuge einer Batterie lassen sich einzeln, paar- oder gruppenweise einsetzen:

Der Betrieb eines einzelnen Kampffahrzeugs erfolgt mit autonomer Zielsuche, Zielauswahl, Identifizierung, Waffenwahl, Zielverfolgung und Abschuss durch Rohr- und/oder Raketenbewaffnung.

Beim batterie- oder gruppenweisen Einsatz übernimmt entweder ein Fahrzeug die Führung und die anderen feuern, oder eine zentrale Führungsstelle übernimmt.

Die Radar- und Feuerleitanlage des „Panzir-S1" gewährleistet zusammen mit der Doppelbewaffnung eine hohe Wirksamkeit bei der Abwehr von Luftangriffen. Das modulare Konstruktionsprinzip des Kampffahrzeugs ermöglicht den Austausch von Baugruppen und den Einbau neuer Komponenten.

„Panzir-S1" beim Abfeuern von Raketen. pvo.guns.ru

„Panzir-S1" paradieren am 9. Mai 2015 in Moskau.
Pressedienst des Verteidigungsministeriums

1945
КАМАЗ

## Flugabwehrraketenpanzer 9K35 „Strela-10"

Einige russische motorisierte Schützen- und Panzerbrigaden sind mit verschiedenen Ausführungen des Flaraketenpanzers 9K35 „Strela-10" (Pfeil) ausgerüstet. Das System befand sich seit Juli 1969 in der Entwicklung beim OKB-16 und sollte ursprünglich die Flugabwehrbewaffnung motorisierter Schützen- und Panzerregimenter verstärken. Die Prototypen gingen im Januar 1973 in die Erprobung. Nach Beseitigung erkannter Mängel und Verfeinerungen erfolgte eine erneute Erprobung, wonach die sowjetischen Streitkräfte das System 1976 als „Strela-10SW" (Index GRAU 9K35) übernahmen. Zum Komplex gehören:

- Trägerfahrzeuge 9A35 und 9A34;
- Flugabwehrlenkwaffen 9M37;
- Feuerleitanlage 9B839;
- Wartungs-Kfz 9B915.

Die Fahrzeuge 9A35 und der 9A34 basieren auf dem Fahrgestell des seinerzeit vom Traktorenwerk Charkow hergestellten gepanzerten Kettentransporters MT-LB (siehe S. 95). Sie unterscheiden sich nur dadurch, dass der Typ 9A35 mit dem passiven Funkpeiler 9C16 ausgestattet ist, der Typ 9A34 dagegen nicht. Die beiden Raketenabschussgestelle sind links und rechts an einem rundum schwenkbaren Drehturm angebracht. Vier weitere Behälter befinden sich im Fahrzeuginneren. Der Bediener im Turm späht durch die transparente Turmfront aus Panzerglas visuell nach Zielen. Der Zielvorgang erfolgt mit Hilfe des optischen Visiers 9Sch127, der Richtvorgang elektrisch. Der Höhenrichtbereich liegt bei –5° bis +80° bei einer Richtgeschwindigkeit von 50 Grad in der Sekunde, das horizontale Schwenken mit 100 Grad/s. Die automatische Bestimmung der Zielentfernung, der Zielgeschwindigkeit und die Berechnung des Zielwinkels beim Abschuss des Flugkörpers erfolgt durch das zur Ausrüstung gehörende Gerät 9S86. Der Feuerleitrechner verwendet

Flugabwehrraketenpanzers 9K35 „Strela-10SW" beim Abschuss einer Lenkrakete.

diese Daten, um die Grenzen der Zerstörungszone mit einer maximalen Abweichung von 300-600 m zu bestimmen. Eine Freund-Feind-Kennung unterscheidet zwischen eigenen und feindlichen Flugobjekten.

Der Flugkörper 9K35 „Strela-SW" kann durch Zielbestimmung vom mobilen Kommandofahrzeug PU-12 (PU-12M), durch das Führungsfahrzeug Owod M-SW oder unabhängig davon gelenkt werden.

Der Boden-Luft-Lenkflugkörper 9M37 misst 2190 mm in der Länge, der maximale Durchmesser beträgt 120 mm und die Gesamtmasse 39,2 kg, wobei auf den Gefechtskopf 3 kg entfallen. Der passive Suchkopf arbeitet mit einem Fotokontrast (UV)- und einem Wärmebildkanal (Infrarot). Der Fotokontrastkanal

Der Flugabwehrraketenpanzer 9K35 „Strela-10SW" verfügt über einen Drehturm mit zwei Raketenabschussgestellen.

Flugabwehrraketenpanzer 9K35 „Strela-10SW" in Gefechtsstellung. Die Kampfbeladung besteht aus acht Raketen.

| Technische Angaben Strela | | | | |
|---|---|---|---|---|
| | Strela-10M | Strela-10M2 | Strela-10M3 | Strela-10M4 |
| Besatzung | 3 | 3 | 3 | 3 |
| Gewicht, t | 12,3 | 12,3 | 12,3 | 12,3 |
| Raketentyp | 9M37M | 9M37M | 9M37M/9M333 | 9M333 |
| Kampfbeladung | 8 | 8 | 8 | 8 |
| Reichweite, m | 800–5000 | 800–5000 | 800–5000 | 800–5000 |
| Einsatzhöhe, m | 25–3500 | 25–3500 | 10–3500 | 10–3500 |

Fla-Raketensystem 9A34M „Strela 10M“ auf Mehrzweck-Zug- und Transportmittel MT-LB der ex. NVA.
Foto: Ralf Weinreich

Der Flugabwehrraketenpanzer 9K35 „Strela-10SW" verwendet das Fahrgestell des Kettentransporters MT-LB und kann Wasserhindernisse schwimmend überwinden.

arbeitet im sichtbaren Teil des Sonnenspektrums und kann Ziele erfassen und verfolgen, die sich vom Himmel abheben. Der Infrarotkanal wird bei schwierigen Hintergrundbedingungen, schlechten Lichtverhältnissen und bei optischen Störungen durch den Gegner eingesetzt. Hinter dem Zielsuchkopf befinden sich schräg angeordnete Stabilisierungsflossen, die Lenkeinheit, der Gefechtskopf, ein optischer Annäherungszünder und ein Einkammer-Festtreibstoffmotor mit zwei Betriebsarten. Der Splittergefechtskopf 9N125 besteht aus Tochtersprengköpfen, die die Wirkung erheblich steigern. Der Gefechtskopf wird durch einen Annäherungszünder aktiviert, der aus zwei Lasersendern, einem Schaltkreis und einem Empfänger für vom Ziel reflektierte Signale besteht. Der Festtreibstoff-Raketenmotor arbeitet in zwei Modi – Start und Flug – und verleiht der Rakete eine maximale Fluggeschwindigkeit von 800 m/s. Der Flugkörper wird in einem Transport- und Startbehälter gelagert, transportiert und gestartet, der den Flugkörper vor mechanischen Beschädigungen, Staub und Spritzwasser schützt und beim Start als Führung dient.

Das Flugabwehrraketensystem „Strela-10SW" entsprach voll und ganz den Anforderungen seiner Zeit. Es ist in der Lage, Luftziele in Abständen von 800–1200 m bis 5000 m und in Höhen von 25–3500 m zu bekämpfen, sofern die Ziele im direkten Anflug eine Geschwindigkeit von 415 m/s und im Vorbeiflug von 310 m/s nicht überschreiten. Der IR-Kanal des Suchkopfes bietet Schutz vor natürlichen Störungen und bis zu einem gewissen Grad auch vor einzelnen, absichtlichen optischen Störfallen, die von gegnerischen Luftfahrzeugen ausgesendet werden. Die Wahrscheinlichkeit, dass eine einzelne Rakete ein feindliches Kampfflugzeug trifft, liegt bei 0,1 bis 0,5.

Die Reaktionszeit des Komplexes beträgt 6,5 Sekunden. Das System wurde aufgrund der ständigen Weiterentwicklung der Luftverteidigung potenzieller Gegner mehrfach aufgerüstet. Die erste Modernisierung von „Strela-10SW" führte 1966 zur 9K35M „Strela-10M" mit Rakete 9M37M. Deren verbesserter Suchkopf konnte zwischen Ziel und den von feindlichen Flugzeugen erzeugten optischen Interferenzen unterscheiden und ging so thermischen Störfallen weniger auf den Leim. Die 1979 in Dienst gestellte „Strela-10M" erhielt außerdem eine verbesserte Raketenstartausrüstung.

1979–1980 erfolgte die zweite Modernisierung zur „Strela-10SW" auf Grundlage „Strela-10M". Die weiter aufgerüstete 9K35M2 „Strela-10M2" wurde mit Geräten für den automatischen Empfang und die Verarbeitung von Zieldaten vom mobilen Batterieführungsfahrzeug PU-12M und vom mobilen Gefechtsstand PPU-1 (Owod-MM-SW) des Regiments ausgestattet. Im Ergebnis bietet die „Strela-10M2" eine wesentlich höhere Trefferwahrscheinlichkeit für eine einzelne Rakete gegen ein Kampfflugzeug mit der gleichen Zerstörungsszone wie bei den vorherigen Modifikationen: 0,3-0,6. Die Kampffahrzeuge wurden mit dem Funkgerät R-123M ausgestattet, um Telecode-Informationen von Gefechtsständen zu empfangen. Außerdem erhielten sie zur Verbesserung der Schwimmfähigkeit ausklappbare Polyurethanschaum-Schwimmer. Damit konnten sie nun auch mit voller Kampfbeladung (4 Raketen in den Abschussgestellen und 4 im Fahrzeuginneren) Wasserhindernisse durchqueren und selbst im Schwimmen ihre Raketen abfeuern.

1981 wurde die Ausführung 9KSM2 „Strela-10M2" in Dienst gestellt und fünf Jahre darauf ging die kampfwertgesteigerte Variante 9K35MS „Strela-10MS" mit Lenkraketen 9MSS, Trägerfahrzeugen 9A34MS und 9A35MS, Feuerleitfahrzeug 9B839M, Wartungsfahrzeug 9B915 und externem Stromversorgungssystem 9I111 in die Erprobung. Im Vergleich zur 9M37 und 9M37M verfügt die neue Rakete 9MSSM über ein verbessertes Triebwerk und einen modernisierten Startbehälter. Der Hauptunterschied liegt jedoch im neuen Suchkopf mit drei Empfängern in den Spektralbereichen Fotokontrast (UV) und Infrarot. Weitgehend immun gegen optische Störungen, erfolgt die Zielauswahl auf Grundlage von Spektral- und Flugbahnsignaturen. Zu den weiteren Merkmalen des Flugkörpers 9MSS gehören eine neue Lenkeinheit, ein Annäherungszünder mit vier statt bisher zwei gepulsten Laserstrahlern und ein auf 5 kg vergrößerter Gefechtskopf mit größerem Querschnitt und längeren Stabilisierungsflossen.

Die zum „Strela-10MS"-Komplex gehörenden Kampffahrzeuge 9A34MS und 9A35MS sind mit neuen Sichtfenstern und zwei Optiken mit variablem Sichtfeld und Vergrößerung ausgestattet: einmal Sichtfeld 35° und 1,8-facher Vergrößerung; einmal Sichtfeld 15° und 3,75-facher Vergrößerung. Die Fahrzeuge verfügen außerdem über verbesserte Startgestelle.

Das System ist in der Lage, anfliegende Flugobjekte mit Geschwindigkeiten von bis zu 515 m/s in Höhen zwischen 25 m und 3500 m zu bekämpfen. Bei Verfolgungsbeschuss beträgt die maximale Zielgeschwindigkeit 310 m/s. Marschflugkörper mit Geschwindigkeiten von 200–250 m/s und Drohnen mit Geschwindigkeiten von 20 bis 300 m/s können im Höhenbereich von 10 m bis 2500 m bekämpft werden. Die Wahrscheinlichkeit, ein Kampfflugzeug mit einer einzigen Rakete zu treffen, liegt bei 0,3-0,6, die Reaktionszeit des Komplexes beträgt 7 Sekunden.

Anfang der 2010er-Jahre führte das Unternehmen Tetraedr eine weitere Modernisierung des Komplexes „Strela-10" zur Ausführung „Strela-10M4" durch. Ziel der Kampfwertsteigerung war es, den Betrieb des Systems zu jeder Tageszeit und bei schlechten Sichtverhältnissen zu gewährleisten sowie eine autonome automatische Sektorsuche von Zielen zu ermöglichen. Dies wurde durch den Einbau eines Wärmebildsystems, einer Zielerfassungs- und -verfolgungsanlage und einer Abtasteinheit erreicht.

In Zukunft werden die „Strela-10" möglicherweise durch das neue Boden-Luft-Raketensystem „Sosna" (Kiefer) ersetzt, das ebenfalls auf den Kettentransporter MT-LB aufgebaut ist. Dieses System ist mit 12 Raketen des Typs 9M337 „Sosna-R" bestückt (6 Startbehälter), die Luftziele in Höhen von 2 bis 5000 m wirksam bekämpfen können. Die Einführung sollte 2022 beginnen, über den derzeitigen Stand ist dem Verfasser nichts bekannt.

# Flugabwehrraketensystem 9K33M3 „Osa-AKM“

Lang, lang ist`s her: vor mehr als sechs Jahrzehnten, im Oktober 1960, begannen die Arbeiten am selbstfahrenden Flugabwehrraketensystem „Osa“ (Wespe). Als federführender Entwickler trat das Elektromechanische Forschungsinstitut NII-20 in Erscheinung. Der Komplex sollte Truppen auf dem Marsch und im Gefecht sowie strategische Bodenziele gegen bemannte und unbemannte Luftangriffsmittel in niedrigen und mittleren Höhen schützen. In der Sowjetarmee waren die mit diesen Systemen ausgerüsteten Flugabwehr-Raketenregimenter Teil der motorisierten Schützendivisionen. In der russischen Armee wurden Flugabwehr-Raketenabteilungen motorisierter Schützenbrigaden mit modernisierten „Osa-AKM“ (GRAU-Index 9K33M3) ausgerüstet.

| Technische Angaben „Osa-AKM“ | |
|---|---|
| Besatzung | 4 |
| Gefechtsgwicht, t | 18 |
| Bewaffnung | Lenkraketen 9M33M3 |
| Kampfbeladung, Stück | 6 |
| Reichweite, m | 1500–10.000 |
| Einsatzhöhe, m | 25–5000 |

Die Entwicklung des verbesserten „Osa-AKM“-Systems wurde 1977 abgeschlossen, Ende 1979 ging es in die Erprobung und 1980 erfolgte die Einführung bei den sowjetischen Streitkräften. Es sollte vorwiegend zur Bekämpfung von Kampfhubschraubern dienen. Die Serienfertigung wurde 1989 eingestellt.

Das selbstfahrende Flugabwehrraketensystem 9K33 „Osa-AKM“ zählt, wenn auch modernisiert, zu den Veteranen unter den russischen Fla-Waffen. Es verwendet das amphibische Radfahrgestell BAS-5937.

Selbstfahrendes Flugabwehrraketensystem 9K33 „Osa-AKM“ auf dem Marsch, Bugansicht von links. topwar.ru

Zum „Osa-AKM“-Komplex zählen:

- Trägerfahrzeug mit Start- und Leitstation 9A33BM3;
- Versorgungsfahrzeug 9T217BM2;
- Lenkraketen 9M33M3.

Zu den Wartungs- und Zubehöreinrichtungen gehören:

- Mobiles Überprüfungsgerät 9B242-1;
- Messgerätesatz 9B914
- Wartungsfahrzeug 9B210M3;
- Schulungsgerät 9F632M.

Die Besonderheiten des Systems bestanden darin, dass die gesamte waffenseitige Ausrüstung (vom Radar bis zum Abschussgestell) sowie die Kommunikations-, Navigations- und Ortungsausrüstung, die Rechenanlagen, die Feuerleitanlage und die Stromversorgung in einem einzigen Kampffahrzeug untergebracht wurden. Als Trägerfahrzeug diente das amphibische Radfahrgestell BAS-5937 des Brjansker Automobilwerks. Es dient als Aufbau für:

- Start- und Leitstation 9A33BM3.
- Antennen- und Starteinrichtung 9P35M2;
- eine Radar-Zielerfassungsstation;
- eine Radar-Zielverfolgungsstation;
- eine Vermessungsstation;
- zwei Funkkommandosender;
- eine Aufklärungsstation mit Kennungsgerät.

Beim Boden-Luft-Lenkflugkörper 9M33M3 handelt es sich um eine einstufige Feststoffrakete mit Splittergefechtskopf, die mittels passiver Funkkommandolenkung ins Ziel gesteuert wird.

Das System funktioniert wie folgt. Nachdem ein Ziel vom Radar erfasst und vom Kennungsgerät identifiziert wurde, hält das Kampffahrzeug kurz an, der Radarsender zur Zielverfolgung schaltet sich ein und erfasst das Ziel zur automatischen Verfolgung. Der Rechner ermittelt die Lenkkommandos

Selbstfahrendes Flugabwehrraketensystem 9K33 „Osa-AKM“, Heckansicht. kolleksiya.ru

„Osa-AKM“ beim Abfeuern einer Rakete.

Hier in seitlicher Gesamtansicht.

und überträgt sie per Funk an die Rakete. Die Daten erscheinen auf einer Anzeige des Trägerfahrzeugs. Erreicht das Ziel den äußersten Rand der Zerstörungszone, werden der Suchkopf aktiviert und die Rakete(n) gestartet (entweder einzeln oder paarweise). Verlässt die Rakete die errechnete Flugbahn, wird sie mittels so genannter Dreipunktlenkung „auf Spur gehalten“. Nähert sich der Flugkörper dem Ziel, wird die Zündung aktiviert. Der Funkzünder beginnt, elektromagnetische Impulse auszusenden, und bei einem bestimmten Pegel der vom Ziel reflektierten Signale wird der Gefechtskopf gezündet. Bei einem Fehlschuss zerstört sich die Rakete selbst. Die Wahrscheinlichkeit, ein Ziel vom Typ Jagdbomber mit einer einzigen Rakete zu treffen, beträgt 0,35-0,40 bei einer Zielhöhe von 50 m und 0,42-0,85 bei einer Höhe von über 100 m. Das System kann außerdem schwebende und fliegende Hubschrauber mit Geschwindigkeiten von bis zu 80 m/s auf 2 bis 6,5 km Entfernung bekämpfen.

Das Transport- und Ladefahrzeug 9T217BM2 ist ein wichtiger Bestandteil zur Gewährleistung einer hohen Kampfkraft. Es lagert und transportiert bis zu zwölf Raketen in Paketen (sechs Raketen auf jeder Seite des Fahrzeugs) und führt bis zu 550 Liter Reservetreibstoff für das Trägerfahrzeug mit. Zum Be- und Entladen ist das Fahrzeug mit einem hydraulischen Drehkran ausgestattet.

# Flugabwehrraketenpanzer 9K330 „Tor-M2U"

Ende 2011 trafen die ersten modernisierten Flugabwehrraketenpanzer 9K330 „Tor-M2U" bei den Luftverteidigungseinheiten des südlichen Militärbezirks und einiger anderer Bezirke ein. Sie sollten dort und anderswo das Flugabwehrraketensystem „Osa" ersetzen. Das System „Tor" (Torus) wurde seit 1975 von der Flugabwehr der Panzer- und motorisierten Schützendivisionen zur Abwehr von Marschflugkörpern, Flugzeugen und Hubschraubern sowie Drohnen verwendet. Federführend bei der Entwicklung trat wieder das Forschungsinstitut NII-20 in Erscheinung. Erste Prototypen wurden von Dezember 1983 bis Dezember 1984 erprobt; der Komplex 9K330 „Tor" 1986 bei den Luftverteidigungsstreitkräften des Heeres eingeführt. Die Serienfertigung lief beim Elektromechanischen Werk Ischewsk. Die in den Jahren 2008–2009 entwickelte Modifikation „Tor-M2U" präsentierte eine neue Generation von

Bereits 2011 erhielten die russischen Streitkräfte die ersten Flugabwehrraketenpanzer 9K330 „Tor-M2U".

Und noch`ne Parade: Flugabwehrraketenpanzer „Tor-M2U" beim Defilee auf dem Roten Platz. Pressedienst Verteidigungsministerium

2015

Das Fahrzeug „Tor-2MK“ dient dem Flugabwehrraketenpanzer als Batterieträger. oborona.ru

Kurzstrecken-Flugabwehrwaffen. Der Komplex zeichnet sich durch seine erhöhte Effizienz bei der Abwehr moderner Luftangriffsmittel einschließlich elektronischer Gegenmaßnahmen aus und setzt sich aus folgenden Bestandteilen zusammen:

- Trägerfahrzeug 9A33AMU;
- Modul für Flugabwehrraketen 9M334;
- Lenkraketen 9M331
- Versorgungs- und Ladefahrzeug 9T244

Zu den Zubehör- und Wartungseinrichtungen zählen:

- Transportfahrzeug 9T245;
- Batterieträger 9B887M2K;
- Wartungs-Kfz (Regiment) 9B887-1M2K;
- Ersatzteil-Kfz 9F399-1M2K;
- Rüstgarnitur 9F116;
- Kommandofahrzeug;
- Werkstatt-Kfz.

9K330 „Tor-M2U“ ist als autonome Kampfeinheit konzipiert, die in einem zugewiesenen Sektor den Luftraum überwacht, Luftziele aufklärt, identifiziert, nach Gefährlichkeit analysiert und erfasst, sie

| Technische Angaben 9K330 „Tor-M2U“ | |
|---|---|
| **Besatzung** | 3 |
| **Gefechtsgewicht, t** | 30 |
| **Bewaffnung** | Lenkraketen 9M331 |
| **Kampfbeladung, Stück** | 8 |
| **Reichweite, m** | 1000–12.000 |
| **Einsatzhöhe, m** | 10–10.000 |

„Tor-M2U“ beim Abfeuern einer Lenkrakete 9M331.

automatisch bis in die Zerstörungszone verfolgt, Raketen startet und deren Lenkung automatisch über Funkbefehle durchführt. Luftziele können während der Fahrt detektiert und identifiziert werden; der Übergang zur Zielverfolgung und zum Raketenstart erfordert aber einen kurzen Halt.

Der Betrieb im so genannten Fördermodus ist möglich, wenn der nach Abschluss einer Rakete frei gewordene Startplatz sofort für den Abschuss der nächsten aktiviert wird. Diese Betriebsart erhöht die Wirksamkeit des Komplexes bei starken Luftangriffen erheblich.

„Tor-2MU“ ist auf einem geländegängigen Kettenfahrgestell aufgebaut, das die Maschinenfabrik Mytischtschi herstellt. Des Weiteren gibt es eine Ausführung auf dreiachsigem 6 x 6-Radfahrgestell des Traktorenwerks Minsk.

Der Boden-Luft-Lenkflugkörper 9M331 wurde speziell zum Abfangen kleiner, hoch beweglicher Ziele konzipiert. Er verfügt über klappbare Ruderflossen, die sich nach dem Start entfalten und verriegeln. Im vorderen Teil des Flugkörpers befinden sich ein Annäherungszünder, die Lenkeinheit, eine Funkeinheit, der Splittergefechtskopf, die Stromversorgungseinheit sowie die Gasladung zum Ausstoß aus dem Startbehälter. Im hinteren Teil des Rumpfes befindet sich das Feststoffraketentriebwerk.

Es gibt Informationen über die Entwicklung einer kleineren Lenkrakete 9M338 für den Komplex, was die Kampfbeladung auf 16 Raketen erhöht.

Eine Besonderheit aller „Tor"-Modifikationen ist, dass die Raketen nicht von schrägen Startgestellen, sondern senkrecht aus ihren Transport- und Abschussbehältern (ein Container beinhaltet 4 Raketen) gestartet werden. Jedes Fahrzeug trägt zwei solcher Module.

Das Transportfahrzeug befördert zwei Pakete mit vier Modulen, das Versorgungs- und Ladefahrzeug mit Ladekran zwei Pakete mit zwei Modulen. Die Zeit für die Beladung des Trägerfahrzeugs mit zwei Modulen beträgt 18 Minuten.

„Tor-2MU" arbeitet wie andere Flugabwehrraketensysteme mit Funkkommandolenkung und Schubvektorsteuerung der Raketen. Das Zielerfassungsradar erfasst und identifiziert das Ziel selbst auf dem Marsch. Die Rechner des Fahrzeugs analysieren die Luftlage, wählen die gefährlichsten Ziele aus und liefern die Zieldaten an die Feuerleitung. Diese „übernimmt" das Ziel, errechnet den richtigen Moment für den Raketenstart, gibt den Befehl zum Abschuss, verfolgt die Rakete mittels Peilsender und lenkt sie über Funkbefehle automatisch aufs Ziel. Um das Ziel effektiv zu bekämpfen, steuert die Leitstation auch den Zünder, um dessen Aktivierung in Abhängigkeit von der Geschwindigkeit, mit der sich die Rakete dem Ziel nähert, zu verzögern und so eine optimale Abdeckung durch Splitter zu erreichen. Bei einem Fehlschuss zerstört sich die Rakete selbst.

Das Boden-Luft-Raketensystem „Tor-M2U" kann mehr als 40 Ziele gleichzeitig erkennen, sie nach Bedrohung einstufen und vier Ziele gleichzeitig bekämpfen.

9A330 auf „Tor-M1" in Marschstellung. Witaly W. Kusmin, CC BY-SA 4.0

# Flugabwehrraketensystem 9K317 „Buk-M2"

Im Unterschied zu den bisher vorgestellten Flugabwehrsystemen handelt es sich bei 9K317 „Buk-M2" (Buche) um eine Anlage für Mittelstrecken-Flugabwehrraketen. Die russischen Streitkräfte stellten „Buk-M2" Anfang/Mitte der 2010er-Jahre in Dienst, doch die Entwicklungslinie reicht bis in die 1970er-Jahre zurück. „Buk-M2" ersetzte die früheren „Buk", „Buk-M1" und „Buk-M1-2". Das multifunktionale Boden-Luft-Raketensystem mittlerer Reichweite ist für die Bekämpfung von taktischen und strategischen Flugzeugen, Marschflugkörpern, Hubschraubern und Drohnen unter intensivem Einsatz funkelektronischer Gegenmaßnahmen ausgelegt und lässt sich auch zur Bekämpfung taktischer Kurzstreckenraketen einsetzen. Entwickelt wurde der Komplex unter Leitung des Wissenschaftlichen Forschungsinstituts für Gerätetechnik (NIIP) Tichomirow in Schukowski. Die Serienfertigung erfolgt seit 2008 beim Mechanischen Werk Uljanowsk (UMS).

Zum „Buk-M2"-Komplex gehören:

- Trägerfahrzeug 9A317 (Selbstfahrlafette) und 9A318;
- Flugabwehrlenkraketen 9M317
- Nachladefahrzeug 9A316 und 9A320
- Mobiler Feuerleitstand 9S510
- Überwachungsradar 9S18M1-3
- Feuerleitradar 9S36
- Verschiedene Wartungs- und Unterstützungsfahrzeuge

Mit seinen Anlagen sucht, erkennt und erfasst das Trägerfahrzeug 9A317 Luftziele und führt darüber

Abschuss eines Flugabwehr-Lenkflugkörpers 9M317 mit 70-kg-Gefechtskopf.

hinaus Vorstartaufgaben aus. Es startet die Flugabwehrraketen, beleuchtet Ziele und überträgt Korrekturbefehle per Funk an die Rakete. „Buk-M2“ bekämpft Ziele entweder selbstständig oder nach Vorgabe und Leitung eines übergeordneten Gefechtsstandes. Das System kann bis zu zehn Ziele erfassen und vier gleichzeitig bekämpfen.

Als hoch bewegliche Trägerplattform dient das Kettenfahrgestell GM-569, auf dem der rundum schwenkbare Lenkwaffenstarter, Höhenrichtbereich bis +75°, mit vier Raketen und das Feuerleitradar aufgebaut sind.

Der einstufige Flugabwehr-Lenkflugkörper 9M317 mit Feststofftriebwerk und Doppelpulsmotor hat eine Reichweite von 45–50 km und kann Ziele bis in 25 km Höhe bekämpfen. Er verfügt über den halbaktiven Radarsuchkopf 9E420. Der 70 kg schwere Gefechtskopf mit Annäherungszünder ermöglicht einen Zielbekämpfungsradius von bis zu 17 m.

Außer vom erwähnten Trägerfahrzeug lassen sich die Raketen auch vom selbstfahrenden Kettenfahrgestell GM-577 starten. Dieser Werfer erfüllt eine Vielzahl von Aufgaben: Transport und Lagerung von acht Raketen (je vier auf dem Werfer und auf festen Ablagen), Abschuss von vier Raketen, eigenständiges Nachladen von vier Raketen aus den Ablagen, Selbstbeladung mit acht Raketen aus dem Transportfahrzeug, aus den Bodenablagen und aus Transportbehältern, Be- und Entladen des Trägerfahrzeugs 9A317 mit vier Raketen.

Der Feuerleitstand 9S510 ist auf dem selbstfahrenden Kettenfahrgestell GM-579 aufgebaut. Er koordiniert und steuert bis zu sechs Lenkwaffenstarter einer „Buk-2M“-Batterie.

Das Überwachungsradar 9S18M1-3 dient der Erfassung und Identifizierung von Luftzielen und der Übermittlung von Luftlage-Informationen an den Feuerleitstand.

Das Feuerleitradar 9S36 verfügt über einen hydraulisch aufrichtbaren, 21 m hohen Antennenmast und kann gleichzeitig bis zu 24 Ziele verfolgen und vier Raketen lenken – sogar auf Ziele, die in extrem niederer Höhe über bewaldetem und unwegsamem Gelände fliegen.

| Technische Angaben Buk-M2 | |
|---|---|
| **Bewaffnung** | Lenkraketen 9M317 |
| **Kampfbeladung, Raketen** | 4 |
| **Reichweite, m** | 3000–50.000 |
| **Einsatzhöhe, m** | 15–25.000 |

Die Ausführung „Buk-M2E“ verwendet das Radfahrgestell MSKT-6922.

Bei „Buk-M2E“ handelt es sich um eine modernisierte Exportversion von „Buk-M2“, aufgebaut auf dem Radfahrgestell MSKT-6922 und mit folgenden Verbesserungen:

Ausrüstung mit modernen digitalen Rechnern, die dank ihrer hohen Leistung und Speicherkapazität nicht nur die Lösung von Kampfaufgaben, sondern auch den Betrieb der Ausbildungs- und Trainingsmodi für die Bedienungen gewährleisten;

Ersatz des teleoptischen Visiers durch ein telethermisches Bildgebungssystem, das die Zielerfassung und automatische Verfolgung im passiven Modus sowohl bei Nacht als auch bei schwierigen Wetterverhältnissen durchführt;

Einbau einer Feuerleitauflage mit moderner Computertechnologie;

Umstellung der Signalverarbeitungs- und Anzeigegeräte auf prozessorgestützte Verarbeitung mit Darstellung auf LCD-Monitoren;

Ersatz der Funkausstattung durch moderne digitale Funkgeräte, die sowohl Sprachinformationen als auch kodierte Ziel- und Peildaten empfangen und übertragen;

Die Bedienerarbeitsplätze mit CRT-Anzeigen wurden durch automatisierte Arbeitsplätze ersetzt.

Das moderne Flugabwehrraketensystem 9K317M „Buk-M3“ gründet auf der Marine-Ausführung 3S90M und wurde ab Ende 2015 beim russischen Heer in Dienst gestellt. Das Trägerfahrzeug nimmt sechs Lenkraketen auf und kann Luftziele auf 2500 m bis 270.000 m Entfernung und im Höhenbereich von 15.000 m bis 35.000 m bekämpfen.

Nachladefahrzeug des selbstfahrenden Flugabwehr-raketensystems „Buk-M2“ für acht Raketen.
Pressedienst Verteidigungsministerium

# Flugabwehrraketensystem S-300W und S-300WM

Das Langstrecken-Flugabwehrraketensystem S-300W und seine modifizierte Ausführung S-300WM gehören zu den leistungsfähigsten Mitteln der russischen Luftverteidigung. Sie sollen wichtige militärische Einrichtungen sowie administrative und politische Zentren des Landes vor weitreichenden Luftangriffswaffen schützen.

Die Entwicklung von S-300W begann gemäß Erlass des Zentralkomitees der KPdSU und des Ministerrats der UdSSR vom 27. Mai 1969. S-300 wurde ursprünglich als einheitliches System für alle drei Teilstreitkräfte konzipiert, wobei das Heer dann die universelle Version S-300W, die Luftstreitkräfte die Ausführung S-300P und die Marine die Variante S-300F entwickeln ließen. (In den späten 80er-Jahren kamen das Kommando der Luftverteidigungskräfte und die Entwickler des S-300P zum Schluss, dass dieses System ebenfalls mobil und vielseitig sein sollte. So entstand die Ausführung S-300PMU).

Federführend bei der Entwicklung des gesamten S-300W-Systems war das Elektromechanische Forschungsinstitut (NIEMI, früher bekannt als NII-20) des Ministeriums für Radioindustrie. Die erste Entwicklungsphase umfasste die Entwicklung einer Variante zur Abwehr von Luftzielen, Marschflugkörpern und Kurzstreckenraketen vom Typ „Lance" und „Scud". Diese Version wurde 1980–1981 erprobt und 1983 von den Luftverteidigungsverbänden des Heeres als S-300W1 übernommen. Das komplette System wurde 1985-1986 von der Truppe erprobt und 1988 als 9K81S S-300W in Dienst gestellt. Die Entwicklung des S-300W sah die Möglichkeit vor, sowohl das gesamte System als auch seine einzelnen Komponenten aufzurüsten. Dies ermöglichte Ende der 1990er-Jahre in Phase 2 die Entwicklung der neuen Version S-300WM. Dieses universelle, selbstfahrende Raketenabwehrsystem gehört zu einer neuen Generation von Flugabwehranlagen. Es dient dem Schutz wichtiger Regierungs-, Militär- und Industrieanlagen sowie von Truppenverbänden gegen Angriffe ballistischer Mittelstreckenraketen und hochfliegender Kampfflugzeuge. Das S-300WM stellt das einzige

Trägerfahrzeug des Flugabwehrraketensystems S-300W, Frontansicht.

Das selbstfahrende Flugabwehrraketensystem 9K81 S-300W kann mit seinen weit reichenden Raketen Feindflugzeuge und ballistische Raketen bis auf 100 bzw. 40 km Entfernung bekämpfen. Zum Komplex gehören mehrere Fahrzeuge.

universelle Luft- und Raketenabwehrsystem der Welt dar, das ballistische Raketen mit einer Reichweite von bis zu 2500 km sowie alle Arten von Luftzielen wirksam bekämpfen kann. Bei S-300WM kamen neue Flugabwehrlenkraketen zum Einsatz, die über eine größere Reichweite und stärkere Gefechtsköpfe verfügen und deren Startvorbereitungszeit um die Hälfte reduziert wurde. Auch das Radarsystem wurde aufgerüstet, was zu einer erheblichen Steigerung der Effizienz führte. Es werden fortschrittlichere Rechner und integrierte Navigationssysteme mit optimierten Algorithmen verwendet.

Die weitere Entwicklung des S-300W hing mit Einführung einer neuen Flugabwehrlenkrakete beim Heer zusammen, wie das russische Verteidigungsministerium im März 2015 mitteilte. Der Flugkörper ist für die neue Modifikation S-300W4 vorgesehen, die Flugzeuge bis auf 400 km Entfernung bekämpfen kann, während es bei S-300W bei der Bekämpfung von Flugzeugen nur bis 100 km und bei S-300WM bis 200 km reichte.

Der Komplex S-300W (S-300WM) setzt sich wie folgt zusammen:

**Lenkwaffen:**
- 9A83 (9A83M) – mit vier Lenkraketen 9M83 (9M83M)
- 9A82 (9A82M) – mit zwei Lenkraketen 9M82 (9M82M)

**Start- und Ladegeräte:**
- 9A85 (9A85M)
- 9A84 (9A84M)
- Feuerleitstand 9S457 (9S457M)
- Überwachungsradar 9S15M (9S15M2) „Obsor-3“
- Sektorenüberwachungsradar 9S19M2
- Feuerleitradar 9S32 (9S32M)

| Technische Angaben S-300W und S-300WM | | |
|---|---|---|
| | **S-300W** | **S-300WM** |
| **Einsatzbereich gegen Luftziele, km**<br>**Reichweite**<br>**Einsatzhöhe** | <br>bis zu 100<br>0,025–30 | <br>bis zu 200<br>0,025–30 |
| **Einsatzbereich gegen ballistische Raketen, km**<br>**Reichweite**<br>**Einsatzhöhe** | <br>bis zu 40<br>1–25 | <br>bis zu 40<br>1–30 |
| **Höchstgeschwindigkeit des zu bekämpfenden Ziels, m/s** | 3000 | 4500 |
| **Bekämpfung ballistischer Raketen aus einer Entfernung von km** | 1100 | 2500 |
| **Anzahl der vom Bataillon gleichzeitig bekämpfbaren Ziele** | 24 | 24 |
| **Anzahl der vom Bataillon gleichzeitig einsetzbaren Raketen** | 48 | 48 |
| **Feuergeschwindigkeit/Startintervall, s** | 1,5 | 1,5 |
| **Dauer Startorbereitung einer Rakete, s** | 15 | 7.5 |
| **Systemübertragungszeit vom Bereitschaftszustand zum Einsatz, s** | 40 | 40 |
| **Bataillons-Gefechtsausstattung, Raketen** | 96–192 | 144 |
| **Ersttrefferwahrscheinlichkeit Ziel**<br>**Typ „Lance“ mit 9M83**<br>**Typ „Flugzeug“ mit 9M83**<br>**Typ „Pershing“ mit 9M82**<br>**Typ SRAM-Rakete mit 9M82** | <br>0.5–0.65<br>0.7–0.9<br>0.4–0.6<br>0.5–0.7 | <br>–<br>–<br>–<br>– |

Trägerfahrzeuge des Flugabwehrraketensystems S-300W auf dem Marsch, Blick von oben.

S-300W-Werfer geht in Gefechtsstellung. Der Abschuss der Raketen erfolgt aus senkrecht gerichteten Startbehältern. yandex.ru

Zu den Wartungs- und Unterstützungseinrichtungen gehören:

- Ausrüstung AKIPS 9B91, Kranfahrzeug 9T325, Transportfahrzeuge;
- Wartungs- und Instandsetzungs-Kfz (9B868-1, 1P15, 9B879-1, 9B898-1, 1P16 und 9T447-1);
- Ausbildungs- und Übungsgerät 9F88, Raketenattrappen, Feuerleitradar 9S32 usw.

Das Boden-Luft-Raketensystem S-300W bekämpft Luftziele mit zwei Raketentypen – 9M82 und 9M83. Der Flugkörper 9M82 ist für die Bekämpfung taktischer ballistischer Flugkörper sowie von Flugzeugen mit aktiver Störung in einer Entfernung von bis zu 100 km ausgelegt. Im S-300WM-System werden diese Aufgaben von der Rakete 9M82M übernommen.

Der Flugkörper 9M83 des S-300W wird gegen tieffliegende Flugzeuge sowie aeroballistische und taktische Flugkörper in niedriger Höhe eingesetzt. Das Gegenstück zur 9M83-Rakete im S-300WM-System ist das verbesserte Modell 9M83M.

Die Raketenkonstruktion ist so weit wie möglich vereinheitlicht: sowohl 9M82 als auch 9M83 verwenden zweistufige Feststoff-Triebwerke, die gleichen Zielsuchgeräte, Annäherungszünder, Trägheitslenk-Anlagen und Bordrechner sowie 150-kg-Splittersprengköpfe. Beide Raketentypen werden aus senkrecht stehenden Transport- und Startbehältern gestartet.

Für den Antrieb der Rakete im Reiseflug sorgt das Festtreibstofftriebwerk. Die Lenkung erfolgt durch vier Ruderflossen (Leitwerk) und vier Stabilisierungsflossen. Dabei kommen zwei Methoden zum Einsatz: die Trägheitslenkung mit Übergang zum letzten Abschnitt der Zielansteuerung und die Selbststeuerung in den letzten drei Sekunden des Fluges. Die Flugstrecke überträgt der Feuerleitrechner an den Bordrechner der Rakete. Die Raketen-Abschussvorrichtungen sind auf dem geländegängigen Kettenfahrgestell MT-TM aufgebaut, das vom Kampfpanzer T-80 stammt (siehe S. 19) und die hohe Beweglichkeit des Komplexes gewährleistet.

Das Startfahrzeug 9A82 (im System S-300WM / 9A82M) ist mit zwei Transport- und Abschussbehältern für den Transport und den Abschuss von Lenkraketen 9M82 (9M82M) ausgestattet. Die gleichen Raketen finden sich auch beim Startfahrzeug 9A84 (9A84M), das die Ausrüstung des Startgeräts 9A82 (9A82M) verwendet.

Die Startfahrzeuge verfügten über eine Kranausrüstung für die Selbstbeladung und das Beladen der Lenkraketenbehälter von Transportfahrzeugen oder vom Boden aus.

Das Startfahrzeug 9A83 (9A83M) ist fast baugleich mit dem 9A82 (9A82M), verfügt aber über vier Trans-

Flugabwehr-Raketensystem S-300W in Feuerstellung. mil.ru

port- und Startbehälter. Das Transport- und Ladefahrzeug 9A85 (9A85M) dient dem Nachschub-Transport der Raketen, kann sie aber notfalls auch selbst starten.

Jeder Raketenwerfer ist mit der notwendigen Ausrüstung für den Transport, die Startvorbereitungen und den Start von Raketen ausgestattet. Die Ausrüstung umfasst:

- Eine hydraulische Vorrichtung zur Positionierung der Transport- und Startbehälter in der Abschussposition;
- Funkelektronische Geräte einschließlich Bordrechner;
- Ausrüstung zur Startvorbereitung mit Datenübertragung an die Trägheitslenkung der Raketen;
- Automatische Starteinrichtung;
- Navigationsgeräte;
- Telecode-Funkanlage;
- Autonome Stromversorgungsanlage (Gasturbinengenerator);
- Feuerwarn- und -löschanlage.

Die für Start- und Einsatz erforderlichen Informationen stammen von den folgenden Radarstationen:

- Überwachungsradar 9S15M (9S15M2) "Obsor-3";
- Sektorenüberwachungsradar 9S19M2;
- Feuerleitradar 9S32 (9S32M).

Im zentralen Feuerleitstand 9S457 (9S457M) laufen sämtliche Radar- und Aufklärungsdaten zusammen und werden dort von Echtzeit-Rechneranlagen verarbeitet. Aus dem Feuerleitstand wird üblicherweise der Feuerkampf geführt, wobei je nach Lage ein übergeordneter Gefechtsstand eingreifen kann.

Die Langstrecken-Raketensysteme S-300W (S-300WM) sind bei Flugabwehr-Raketenbrigaden im Einsatz. Jede Brigade verfügt über einen automatisierten Brigadegefechtsstand „Poljana-D" (Lichtung) mit einer Radaranlage, bestehend u. a. aus dem Überwachungsradar „Obsor-3" (Bewertung), dem programmatischen Sichtradar „Imbir" (Ingwer) und einer Radar-Informationsverarbeitungsanlage. Der Brigadegefechtsstand führt 3–4 Flugabwehrraketen-Abteilungen (Bataillone).

Jedes S-300W-Bataillon verfügt ebenfalls über einen Feuerleitstand 9S457, ein Radar 9S15M und ein Radar 9S19M2.

Es führt vier Flugabwehr-Raketenbatterien, die jeweils über ein Feuerleitradar 9S32, vier Startfahrzeuge 9A83 mit je vier Lenkraketen 9M83 und zwei Startfahrzeuge 9A82 mit je zwei Lenkraketen 9M82 verfügen.

Nicht zu vergessen zwei Nachladefahrzeuge 9A85 und ein Nachladefahrzeug 9A84.

Flugabwehrraketensystem S-300W beim Raketenstart.

Das Flugabwehrraketensystem S-300WM stellt eine umfassend modernisierte Version des S-300W mit verdoppelter Reichweite gegen Luftziele dar (200 km). Ballistische Raketen kann es auf bis zu 40 km Entfernung und in bis zu 30 km Höhe bekämpfen. Antey-2500

Die 202. Luftverteidigungsbrigade ist seit 1989 mit dem Flugabwehr-Raketensystem S-300W ausgerüstet. Witaly W. Kusmin CC BY SA 4.0